低碳导向下
城市边缘区规划
理论与方法

覃盟琳 赵静 牙婧 黎航 著

中国建筑工业出版社

图书在版编目（CIP）数据

低碳导向下城市边缘区规划理论与方法/覃盟琳
等著. — 北京：中国建筑工业出版社，2017.4
ISBN 978-7-112-20485-4

Ⅰ.①低…　Ⅱ.①覃…　Ⅲ.①城乡规划—研
究　Ⅳ.①TU984

中国版本图书馆CIP数据核字（2017）第038976号

责任编辑：王　磊　田启铭
书籍设计：张悟静
责任校对：李欣慰　焦　乐

低碳导向下城市边缘区规划理论与方法

覃盟琳　赵静　牙婧　黎航　著
＊
中国建筑工业出版社出版、发行（北京海淀三里河路9号）
各地新华书店、建筑书店经销
北京京点图文设计有限公司制版
北京方嘉彩色印刷有限责任公司印刷
＊
开本：787×1092毫米　1/16　印张：9¾　字数：203千字
2017年6月第一版　2017年6月第一次印刷
定价：78.00元
ISBN 978-7-112-20485-4
　　　（29897）

"边缘（区）"是所有宏观、中观、微观对象皆具有的基本属性之一。边缘区的历史渊源、现今状况、演进趋势，以及未来走向，对各类与"边缘区"在空间上相邻且在功能上产生关联的对象及系统而言，均具有重要的、不可忽视的影响。在人居环境背景下，城市边缘区同样具有重要的、不可替代的经济、社会和生态功能。

正是因为以上原因，"城市边缘区"是一个规划学及相关（近）学者持续关注并大力展开研究的热点议题。根据在CNKI中，对"城市边缘区"（篇名）检索结果按照"被引"排序的前20篇文章的简要分析可知，目前国内发表的有关城市边缘区的文献，研究主题主要集中在：城市边缘区特性、空间结果、土地利用、景观变化、乡村及农业（耕地）、土壤及污染分布等方面。对CNKI发表的"城市边缘区"（篇名）检索可以发现，已经公开发表的文献篇数多达797篇，然而，将"低碳"与"城市边缘区"加以关联研究的只有2篇（检索日期：2017年1月2日），这就在相当程度上说明，尽管国内学者对城市边缘区展开了多方面、多角度的研究，但并未充分认识到从"低碳"视角研究城市边缘区的重要性。从这一角度而言，《低碳导向下城市边缘区规划理论与方法》一书既具有填补空白的作用，也具有创新性和开拓性，《低碳导向的城市边缘区规划理论与方法》一书的出版对于城乡边缘区的深入研究，对于城乡规划学的发展无疑具有重要的意义和价值。

《低碳导向下城市边缘区规划理论与方法》一书具有严谨缜密的研究构思，这体现了作者对研究对象和研究主题的深刻全面的认识，也体现了作者所具有的较强的研究能力。这集中体现在《低碳导向下城市边缘区规划理论与方法》一书的章节编排上所具有的逻辑性及层次递进的特征方面。

第一章是对城市边缘区目前存在问题的归纳和分析，作者从"蔓延"和"控制"两个对立的视角展开。角度恰当，分析深刻。

第二章从模式、动力和阶段三个重要的方面，展开了城市边缘区空间扩张的描述和分析，尤其值得重视的是，作者将"模式""动力"和"阶段"三者加以关联研究，这对于深入挖掘问题的实质具有重要的作用。

第三章和第四章是对书名中的"低碳"予以直接回应的核心内容。其中，第三章探讨城市边缘区碳循环机制，以及碳循环机制与空间优化途径的关系。在第三章中，作者通过"过程"、"特征"和"驱动机制"三个方面论述城市边缘区的碳循环机制；在城市边缘区空间格局优化途径探讨之前，作者特别提出并深入论述了"城市边缘区碳排碳汇用地优化的价值导向"，这充分显示了作者以科学化、生态化的理念和价值观指导城市边缘区空间格局低碳化研究的可贵追求。

第四章是对城市边缘区"碳排""碳汇"用地空间演变的实证分析，具有重要的意义和价值。在案例选取上，作者考虑了三种规模不同的城市，具有一定的代表性；其次，该书从时间和空间这两种人居环境演变的重要属性和视角进行实证分析，也是一种抓住研究问题核心方面的重要表现。

该书第五章——第七章是成系列地对城市边缘区各种关键用地类型的低碳导向的优化布局展开完整论述的内容，

包括：生态用地、建设用地、生产用地。这样一种生态用地——建设用地——生产用地的顺序安排，反映了作者将生态用地作为城市边缘区规划的重中之重的观念，无疑是很值得称道的。

《低碳导向下城市边缘区规划理论与方法》一书除了严密的构思以外，还具有多个方面的令人赞赏的地方。仅举以下数例。

其一，具有国际视野。在将主要研究目标锁定在中国城市边缘区的规划理论与方法的同时，《低碳导向下城市边缘区规划理论与方法》一书具有将国内外研究予以适当关联的思维方式，这一定程度上体现了本书作者的国际视野。此外，本书的国际视野还体现在包括作者应用发达国家的数据库为自身研究所用等其他方面。

其二，分类及归纳能力强。《低碳导向下城市边缘区规划理论与方法》一书通过对城市边缘区的现状、分析结论的分类及归纳，加深了该书对研究问题的本质特征的认识和表达，同时，也有助于读者对复杂问题的认识。如该书将城市边缘区空间扩张模式归纳为"轮盘状"、"指状型"、"独立型"、"连片型"、"蔓延型"、"填充型"六种；将城市边缘区空间扩张动力归纳为自然地理因素、社会经济因素、政策决策因素、规划引导因素、社会文化因素等。

其三，紧扣研究主题。《低碳导向下城市边缘区规划理论与方法》一书紧扣"低碳导向"的研究主题，并且，以"碳循环"、"碳排""碳汇"等核心概念作为切入点具体论述和表达"低碳导向"，是将"低碳导向"落在实处的很好的构思。

其四，建构了核心概念体系。《低碳导向下城市边缘区规划理论与方法》一书提出了一系列很有意义及价值的概念及思路，包括："碳排用地"、"碳汇用地"、"碳汇效益"、"生态用地碳汇效益的核心要素"、"生态用地碳汇适宜性"、"生态用地低碳安全格局"、"空间转移碳排放"、"碳汇用地时空演替"等，这既对低碳化导向的城市边缘区规划的研究具有重要的作用，也体现了本文作者的理论思考的追求及其思考的深度。

其五，核心问题把握准确。《低碳导向下城市边缘区规划理论与方法》一书对边缘区规划建设的核心问题具有明确和准确的认识。作者认为，城市边缘区的建设用地的扩展，直接影响了周边的生态用地和生产用地，并深刻作用于整个碳排碳汇用地体系的结构与碳循环。这一认识很有见地，可以认为是完成作者设定的研究目标的不可或缺的认识论基础。

其六，理论与实践紧密结合。《低碳导向下城市边缘区规划理论与方法》一书建构了完备的理论体系，同时又将理论研究与实证研究完美地结合。

除以上值得称道的方面以外，《低碳导向下城市边缘区规划理论与方法》一书还具有实证研究数据丰富、定性分析与定量分析方法相结合、图文并茂、信息量大，写作规范等等方面的优点。

总而言之，《低碳导向下城市边缘区规划理论与方法》一书是体现了作者覃盟琳先生的学术水平和阶段研究成果的重要著作，是一本具有丰富内涵和深刻内容的学术专著。该书的出版，将对城市低碳发展及可持续发展产生重要的积极作用。相信并期待作者持续不断地有更多更好的学术佳作问世。

是为序。

沈清基

2017 年元旦，于同济大学

从 1978 年到 2015 年近 40 年中，中国每年以约 1% 的城镇化发展速度，实现了城镇化水平从约 18% 到 57% 左右的增长，预计 2020 年将达到 60%，2030 年达到 70%。中国城镇化率跨越 50% 的同时，也超越了世界城镇化发展平均水平，发展速度与增量举世瞩目。城镇化发展的阶段理论与现实经验表明，城镇化率超过 50% 后将保持持续快速发展，在较为相似的现象背后，各个国家社会经济及城镇化发展的情况却不尽相同。中国跨入 50% 城镇化率后，出现几个方面的"新常态"，这些新常态与发达国家的城镇化发展轨迹存在较大差异，中国未来城镇化发展必须用新视角来思考。

速度出现换挡，城镇化速度拐点将提前来到。随着 21 世纪中国城镇化第二个 10 年接近尾声，中国经济发展进入"新常态"，受其影响，城镇化发展速度也呈现出新常态。我国城镇化发展的新常态可以从两个方面进行探讨并加以预判，一是年新增就业人口，从 2012 年到 2015 年，中国城镇新增就业人数分别为 1266 万人、1310 万人、1322 万人、1312 万人，可以看到，新增就业人口规模保持在一定水平，增速已放缓；二是从城镇化的动力来看，经济发展是城镇化发展的核心动力，中国过去高水平的 GDP 增速是中国高速城镇化发展水平的核心保证，而今 GDP 增速从两位数进入个位数，受经济的影响城镇化速度势将放缓脚步。针对城镇化速度将会出现换挡，城镇化速度拐点提前出现这一新常态，值得深思的是，50% ～ 60% 之间的城镇化发展速度不应出现"缓慢"，中国需要多少经济能量来推动城市化，或需要多少城镇化率来支撑经济发展，"城镇化"与"经济发展"之间的博弈在中国相比其他国家要复杂得多。这些特有新常态形成的倒逼效应应引起我们对城镇化发展新的思考。

城镇化形式出现变化，独有二次城镇化出现。城乡之间的人口流动是城镇化的基本特征，而随着快速交通时代的来临，物流、人流、信息流的交换阻力越来越小，城市间的人口流动轨迹也变得错综复杂，传统的城镇化发展人口流动模式正在发生改变，在"村-城"为主的基础上，出现了"镇-城"、"城-城"、"城市群-城市群"等在城镇内部进行流动的新形式。"半城镇化"是中国城镇化的鲜明特点，很多城镇流动劳动力并没有真正融入城市，他们被隔绝在城市各种公共福利之外，势必造成城镇人口的不稳定性，一定规模的劳动力在不同城市之间流动成为常态。同时，未来的城镇化发展的核心形式将是城市群，城市之间的"城镇化"也在进行，城市间的竞争与合作将使城市群快速发展、重组和消涨，在城市群内部或城市群之间都可能发生人口重组，城镇人口在单个城市群内部，或城市群间进行大量流动成为普遍现象。

因此，在中国城镇化发展的两个新常态下，中国城市发展由一味地扩张走向扩张、平衡、萎缩并存的局面，城市边缘区作为城市规模变化最直接的媒介，对其的作用与影响最为直接，被赋予更加丰富的功能，其规划发展控制需要更加科学深入的研究。

在我国经济发展和城镇化发展换挡的背景下，一些新兴城市在区域范围内具有较强的市场竞争力，拥有广阔的经济市场、完善的公共服务基础设施以及充足的就业岗位，不断吸引人口、资源、信息、技术在当地集聚。而这些反过来又促进了城市竞争力的提升，使城市具有源源不断扩张的内发动力，在城市环境承载力可承受的很长一段时间内，这些城市的扩张进程不会停止。而一些早期因为区位和政策优势发展起来体量不断膨胀的巨型城市，率先进入"减速提质"的城镇化时代，城市边界被严格的控制，停下了扩张的步伐，城镇化重点转向城市内部功能的不断优化，并通过城市的溢出效应和部分功能的转移促进城市周边小城镇的发展，舒缓城市的压力，城市边界将走向平衡。而一些依赖资源消耗、低端产业、低成本劳动力等要素驱动发展的城镇在新的形势下，未能及时转型成功，因资源枯竭、环境压力增大、生产效益低下而出现衰退，城镇人口外流，城市被动地走向空心化和废墟化，经济倒退，出现城市萎缩的现象。

中国城市扩张、平衡、萎缩并存的现象，需要我们理性看待，才能摸准城市发展的痛点，对症下药。走向扩张的城市需要我们去研究边界扩张的合理模式和扩张速度，避免走向无序蔓延的老路；走向平衡的城市需要我们去研究的理想的城市边缘区空间发展模式，改善城市环境，保证城市生态安全；走向萎缩的城市需要我们去研究城市边缘区更新与复兴之路，构建新的城市发展动力和增强城市发展活力。

边缘区呈现多重属性，双边竞争走向多方博弈。在过去很长一段时间里，政府依赖土地财政来支持地方发展，城镇化主要是土地的城镇化，城市边界的扩张是边缘区建设用地与农用地的竞争结果，而主要矛盾来自于政府与农民间的利益冲突。而随着社会的发展，政府开始逐步简政放权，摆脱对土地财政的依赖，广大市民、企业具有更多的话语权，除了政府和农民，企业、市民和各种社团也纷纷加入其中，城市边缘区的发展走向了多方博弈，空间发展更加复杂化。政府从城市发展的角度出发，综合考虑经济与社会发展，在城市规划的编制和实施中对城市的空间发展方向进行调控和引导，更多关注的是城市经济和社会发展的问题。市民则是从城市的宜居性角度考虑，对生态环境和城市生活的舒适性与便利性有所诉求。比起城市规模的扩大，他们更注重的是边缘区环境质量与生态安全，更关心的是边缘区的开发是否会对过度挤占生态空间和生产空间带来环境问题和粮食供应问题。农民以农业生产为主要经济来源，农用地是他们生存的保障，而城市的扩张注定会蚕食边缘区的农用地，直接损害他们的利益，他们关注的是城市扩张对农田的占用是否能保证"保质保量"的占补平衡，以及后期的生存问题。而企业则主要考虑市场需求和自身经济效益，所以其选址与政府、农民、市民的利益冲突最大。在城市发展过程中，政府、企业、市民、农民四方都在争取对边缘区空间发展的最大利益，人地矛盾冲突加剧，但它们之间既存在利益矛盾冲突，也同样存在利益的一致性，是一场复杂的多方博弈。

边缘区生态功能的重要性愈加凸显，从"束缚带"转变成"保护层"。城市边缘区已经不仅仅是城市用地扩张过程中束缚、制约城市发展的一道束缚带，其生态功能越来越被人们所重视，维护与支撑着城市公共健康的发展。边缘区是城市生态服务的重要生产地，其具有自我调节能力，从而维持着城市生态环境的新陈代谢，提供有活力的原生态开放空间。同时，城市边缘区为城市提供干净水源、清洁空气，以及大量新鲜果蔬等食品，是城市非常重要的生态服务生产地。城市边缘区生态系统的自我调节能力、组织维持能力和恢复能力能够保护城市在面对事故或灾害时避免受到直接影响，从这个角度来说，城市边缘区是城市应对生态风险的缓冲区。对城市边缘区无遏制及不妥当的建设行为伤害了其面对生态风险的负荷能力及恢复力，一旦面临灾害和事故将无法抵抗。

城镇化发展过程中城市蔓延与扩张带来的一系列不可规避的问题需要我们继续重视，而一些因时代背景不同而正在发生或将要发生的新问题更要广泛引起注意。边缘区作为城市外围的敏感区域，城市的蔓延与扩张带来的是城市边缘区土地的剧烈变化，缺乏规划的开发使其非常容易出现无序混乱的状态。在新的时代背景下，因城市无限制蔓延扩张而层出不穷的环境问题、交通问题和社会问题，使我们认识到合理控制城市的蔓延与扩张已经迫在眉睫，边缘区的先行规划刻不容缓。

在我们思考一个未知问题的同时，更需要一个正确科学的价值观来研究问题，即为解决城市扩张、平衡和萎缩城市问题的同时，我们也要思考：我们的规划对城市发展的长远贡献在哪里？解决城市发展"新现象"的立足点和出发点是什么？城市边缘区未来正确发展道路该怎么走？本书正是基于这一问题展开了研究。

目 录

结　语

后　记

1

在过去的近三十年里，我国的城镇化进程都处于一个高速发展的状态，由于人文历史、政治体制、经济发展的差异性，使得我国城镇化发展道路呈现出发达国家城镇化进程的共性特征的同时，也表现了自身特有的特征。中国城镇化率拐点的提前到来，使过去粗放蔓延式的土地城镇化发展方式已经难以为继，一场控制城市无序蔓延与扩张的城市革命已经提前到来。

第一节　蔓延与扩张，没有底线的发展

　　城市蔓延，是城市开发与利用郊区土地而带来的城市空间扩散过程，并导致了城市周边大量的耕地与林地遭到侵蚀。2015 年，我国城镇常住人口达到 77116 万人，比 2014 年末增加 2200 万人，城镇常住人口比重不断增加，城镇化率达到 56%。我国进入了城市高速成长的扩展期，刚刚超过诺瑟姆（Northanm R.M）"S" 型城市化曲线的中点。在这个高速发展的过程中，我国正经历飞速城镇化的历程，从 2009 到 2014 年的 5 年间，中国城镇土地增加了 165 万 hm^2，年均增长率为 4.2%，增幅为 22.8%。2014 年末，中国城镇土地总面积达到 890 万 hm^2，城市总面积占到了 46.8%，而建制镇占到了 53.2%。而在区域表现上，东部最多，占 40.7%；同时中西部城镇土地面积比重也不断增加，中部城镇土地面积占全国根据城镇土地面积的 22.5%，西部占 26.4%。人量城镇土地的增加导致了城市边缘区快速扩张，大量耕地、林地、草原急剧流失，城乡二元结构矛盾加深。这些被转化为建设用地的土地用途大多以居住为主，这样的城镇化实质上是土地的城镇化，却没有带来相应的人口的城镇化，因此土地没有得到充分利用，大量房屋被闲置，新建成的城市新区沦为"鬼城"。城市蔓延改变了原有的城乡土地结构，大量的土地被闲置、被荒废。城市扩张增加了人们的通勤时间，导致交通拥堵等一系列城市问题。

　　专栏 1-1　不同学科领域对城市蔓延的界定

　　城市蔓延在西方主要是指城市空间低密度扩展，涉及农业用地、开敞空间向建设用地的转化，并伴随着一系列经济、社会和环境问题的产生。其中经济问题主要指低密度扩展造成了人均服务设施成本的增加、土地资源浪费以及城市中心区发展的衰退等；社会问题主要指蔓延造成了种族、贫富在空间上的隔离，导致了社会暴力和种族主义问题的加剧；环境问题主要指蔓延造成农业用地、湿地的减少，以及蔓延式发展增加了机动车的使用，致使环境污染加重。

　　不同学科领域的学者对城市蔓延有着不同的界定。

　　环境主义者关注城市蔓延对环境以及人类健康的危害。例如，由自然主义者组成的山脉俱乐部（Sierra Club）就把城市蔓延界定为依赖汽车、向城市边缘延伸的低密度发展方式，认为这种依赖小汽车的发展模式有害于人类健康以及生态环境，并主张用公共交通代替私人小汽车主导型交通模式。

　　经济学家常把城市蔓延与市场失灵以及基础设施建设成本增加等问题联系起来。例如，城市经济学家 Mills（2002）指出"对城市经济学家来说，城市

蔓延意味着过度郊区化。"

而社会学家通常关注城市蔓延对社会不和谐的影响。例如，Isin（1996）指出，城市蔓延式发展造成了种族隔离以及社会的不和谐，并且主张建立贫富与种族包容的和谐社区。

城市规划学者常把城市蔓延与破坏传统社区的个性联系在一起。例如，Dutton（2000）认为，城市蔓延是城市边缘的一些主要道路向郊区低密度、无序功能单一地扩展的模式，指出这种扩展模式造成了社区活力和个性的丧失，并主张建立紧凑、混合和步行友好的个性化社区。

经济学家 Harvey 和 Clark（1965）的研究表明，城市蔓延有三种基本形式：低密度的连续发展形式（Low Density Continuous Development）、延干道带状的发展形式（Ribbon Development）以及不连续的蛙跳式发展形式（Leap-frog）[1]。城市蔓延造成了城市中心进一步衰败和农用地严重流失，并导致近郊出现大量闲置土地，引发人均基础设施建设成本提高等问题。城市蔓延的出现源于 20 世纪 20 ~ 50 年代，在美国，拥有私人汽车、经济收入较高的白人中产阶级为了远离城市中心喧嚣、拥挤的环境，在城市外围沿铁路线建立了城郊型社区，以在享受乡村环境的洁净的同时，也保有到达城市的便利性。城市的形态也由原来的团块状向发散的星状逐渐改变；同时，居住模式的改变也引发了城市贫富阶层的分化：富余的中产、上层阶级住在城郊，而低收入人群与少数民族则继续居住在靠近工业区的市中心。到了 20 世纪 70 年代，随着汽车的进一步普及，原有的蓝领阶层也迁往郊区，而中上阶层则迁往更远的郊区，进一步加剧了人口的扩张。原有铁路和公路之间的楔形空间成为住宅区建设的理想用地，城市和郊区的社会构成分化也更加显著。80 年代以后，高速公路的急剧扩张，市中心的工厂、仓储、办公区等也随之迁往高速公路或机场旁的土地，形成产业园区；随着商业、金融、娱乐等场所的迁入，形成了功能复合的城市边缘区。工作岗位及城市人口向郊区迁移，城市进一步扩张，郊区新建用地蚕食了越来越多的农田和森林。实质上，城市蔓延也是城市中心区城市活动向城市外围扩散的一种现象，使城市形态呈现出分散、低密度、区域功能单一及依赖交通的特点，是城市化扩张失控的体现。

我国的城市蔓延真正开始的时间是在改革开放以后。在新中国成立之后的计划经济时期，城市的建设历经各个阶段的政策引导，城市的增长以工业建设和工业区扩张为主导[2]。这一时期的城市扩张区别于西方"居住导向型"的边缘区发展机制，我国是以"工业导向型"为主，城市边缘区的布局以外层布置工业为主，企业职工居住紧邻工业区的均衡模式。1978 年之后我国进入了改革开放的迅速发展时期，城市的发展也由单一的人为计划性逐步转向市场经济参与的变革时期。由于经济特区、沿海经济开放区的设立，沿海城市得到了迅速发展，人口大量涌入沿海地区加速了城市的扩张，城市边缘区开辟了大量以居住功能为主导的城市新区，城市出现了以圈层扩张为主的形态，区位与土地价格成为影响边缘区发展的重要因素。1989 年以后，随着改革红利进一步释放，房地产业成为国民经济新的发展热点，外来人口的急速增加使得城市近郊居住区的需求持续增加，城市发展进入离心力驱动的郊区化阶段。同时，家庭轿车的普及以及人们收入水平的上升，也促进了居民由城市中心向边缘区外迁的现象，极大地推动了政府及开发商投资建设城市新区的热情，随之公共设施和基础设施的建设也逐步增加。城市边缘区成为人口、社会、经济和文化混杂的地区，城市发展的矛盾也更集中在这些迅速发展的边缘区。除了快速经济发展对我国城市蔓延的剧烈影响之外，我国的土地制度以及政府的政绩考核也直接刺激了城市边缘区扩展的圈地运动[3]。我国将 GDP 作为考核干部政绩的硬指标，土地制度实行的生产型税收成为地方 GDP 抛除实体产业发展而快速增长的重要来源。政府以土地作为城市发展的资本运作，推动了我国城郊出现了一轮又一轮激烈的圈地运动，开发区与大学城建设鳞次栉比。而膨胀的圈地热在我国各等级城市越来越常见的同时，与之相配套的城市市政设施与公共设施建设却出现严重欠账。往往是开发商在城市边缘区新建好了大量楼盘，但政府相应配套的小学、医院、垃圾处理等设施建设却迟迟跟不上；同时，政府对地方人口增长的过高估计以及对房地产开发的过度推崇，使得城市之中产生了不少的城市空心与"鬼城"。在城市边缘区新建成的住房由于交通不便、缺乏配套设施而无人居住，而除了居住功能以外，这些城市新区并没有吸引工业或者办公区进驻，办公以及商业仍然集中在城市中心。单一的功能也使得这些城市新区在过度的买房热之后失去了持续的吸引力。圈地运动也导致了我国开发区空间效益低下、闲置土地增多的现象，土地的投机活动造成了我国土地资源的严重流失。城市周边的土地作为耕地产生的经济效益远不如其被开发作为城市建设用地高，而原始的林地更不能产生直接的经济效益，在政府对地方 GDP 的盲目崇拜下，城市开发与城市生态的博弈出现了失衡，无序的城市蔓延现象扩散到我国各级城市。

第二节　保护与建设，难以平衡的矛盾

城市蔓延造成了快速形成的不合理的城市结构，给城市带来了诸多问题。一方面是边缘区郊区化带来的城乡二元结构本身的矛盾与冲突，包括离心发散的城市形态、

突出的人地矛盾、不合理的用地结构、郊区化的负面效应等；另一方面集中在生态破坏给城市带来的负外部性。

依靠大量消耗不可再生的耕地与自然资源而进行的城市蔓延，导致城市形态出现了新的变化，也集中产生了新的社会、经济、人口问题。首先是出现离心发散的城市形态。城市蔓延的极化、轴化和分散化效应导致城市形态出现发散、破碎、不规则的变化，城市依靠交通轴线以及建立卫星城等方式跳跃发展，形成了城市离心发散的破碎及不规则形态。城市的发展形式背离了由原有建成区向外紧凑发展的规律，不断跳跃、间隔地向外吞噬耕地，模糊了原有的城乡边界。城市的空间形态与集约紧凑的"精明式"增长相去甚远。

其次是造成突出的人地矛盾。大量外来人口集中涌入城市，不仅导致了人口居住需求的增高，也导致了人口对粮食、蔬菜等农业产品的需求不断上涨。而城镇人口在逐年递增的同时，耕地却逐年递减，人均占有土地面积不断下降。人口与耕地的逆向增长关系，导致了人口的消费需求与耕地的供给能力矛盾不断激化。尤其是在北上广等超大型城市，城市边缘区能够生产的农业产品远远满足不了人口对农业产品的消费需求，人口的扩散使城市功能与要素不断向外蔓延，造成耕地、林地等土地资源不可逆转的流失，造成粮食自给率低下、人地矛盾突出等问题。

再次是同时形成不合理的用地结构。快速的城市蔓延过程往往缺乏城市规划的控制引导力，城市边缘区新区的建设往往是开发商先进行居住小区的建设，而政府的公共设施及市政设施的配套常常滞后。而相应的娱乐、商业、公共服务等产业在新区成熟则需要更长的时间。功能的单一性及匮乏造成这些新区用地结构极不合理，因此这些新区往往出现空置率高、后续发展力不足等情况。此外，城市蔓延在进行向外扩散的过程中，侵占了原有农村居民点旁的耕地，而出现了"城市包围农村，农村包围城市"的城中村现象。这些密集的居民自建房脱离了城市规划体系的控制，用地混乱、居民混杂，滋生了各种城市问题。

最后是带来一系列郊区化负面效应。外来人口进入城市，由于租金高昂而选择在远离城市中心的边缘区居住，工作的地点却在城市中心。人们因此浪费在通勤上的时间增多，也由此造成了城市拥堵等问题。此外，政府对城市新区投资建设的热情导致了城市中心由于缺乏资金重建而进一步衰败，城市中心区往往残破不堪。

城市蔓延以侵占土地资源为特征，城市周边已利用的耕地或未利用的生态用地迅速转变为城市用地，造成城市边缘区生态环境失衡，引发生态环境破坏对城市的负外部性。

一是耕地及林地锐减。城市边缘区的耕地是城市扩展的首选地，建设用地的扩张导致城市周边优质耕地的流失，进一步加剧了原本紧张的用地矛盾。大量的耕地被转化为建设用地的同时，城市远郊为实现耕地的占补平衡，将原有的荒地或林地开发为耕地，以相对地产的用地代替原有高产的耕地，耕地的总体质量也明显下降。同时，城市扩张过程中进行基础建设的过程造成了地表的大面积裸露，造成了水土流失。城市垃圾及工业"三废"的不正当处理也导致了城市边缘区的土壤、地表水及空气遭受污染。

二是地下水减少，水体遭受污染。快速城市化过程中，城市空间结构与组成要素的改变造成地下水资源的逐步短缺。导致地下水资源减少的主要原因有三点，即：地下水超采、地下水补给减少、地下水污染导致资源质量整体下降。城市大量人口涌入也带来了巨大的水资源消耗。同时，城市下垫面也产生了改变，道路大面积地铺上硬质铺装，透水性下垫面严重减少；地下设施越建越深，导致地表径流量增多，而地下渗流量也大大减少。此外，城市不断增加的居民产生的垃圾填埋在城市周边，垃圾产生的有害的淋滤液和气体，通过土壤渗透到地下水中，污染地下水。

三是大部分湿地退化。城市的蔓延往往更倾向于向海滨、湖滨侵蚀，以便建立运输港口、贸易海岸，以及获得更好的景观环境。城市的建设用地开发吞噬了海滨、湖滨的原生态湿地，铺上坚固的水泥成为人造表面。湿地表面的减少不仅导致了自然植被减少、海滨及湖滨的微生物群逐渐消亡，同时滨水的鸟类、鱼类等生物群落也失去栖息场地，湿地的调节气候能力彻底遭到毁坏。

第三节　控制与引导，一场迫在眉睫的攻坚战

随着经济发展与全球化进程的加快，不只北美、西欧、日本等发达国家受到城市蔓延的困扰，很多发展中国家也出现了城市蔓延问题。如何控制城市蔓延、引导城市健康有序发展已经成为许多国家的规划者面临的挑战（孙萍，2011）[4]。

一、国外控制措施回顾

国外学者尤其是北美及欧洲的学者对城市蔓延的研究起步较早，有很多经验及成果值得借鉴。多数都市区空间规划将"紧凑"作为优化的核心目标之一，除秉持整体紧凑高密度发展的欧洲及东亚城市外，以传统广域蔓延和大规模分散郊区化为主导的美国大都市区也采纳新城市主义、精明增长、紧凑城市等发展理念。美国温尔索（Windsor）、威林顿新城（Wellington）等300余个新城镇与社区已相继应用新城市主义原则建成，1998年波特兰"LUTRAQ"计划的开展也在减少城市土地消耗、创新空间开发模式上卓有成效（黄亚平，2015）[5]。

专栏 1-2 外国关于预防整治城市蔓延的对策

1899 年霍华德（E.Howard）提出"田园城市"理论，霍华德主张城市不能无限蔓延，在达到一定规模以后应该建设新的城市来容纳人口和产业的增长；在这些城市之间设置永久性绿带，同时具有便捷的公共交通联系，从而形成由多个田园城市组成的区域，称为社会城市。

1918 年芬兰建筑师沙里宁（Eero Saarinen）按照有机疏散的原则，制定了大赫尔辛基方案。方案中主张在赫尔辛基附近建立一些半独立的城镇，以控制城市进一步扩张。这类卫星城不同于"卧城"，除了居住建筑之外，还设有一定数量的工业企业和服务设施，是一部分居民就地工作，另一部分居民仍去母城工作。但由此也产生了与母城之间大量的交通问题，加剧了大城市交通拥挤的程度。

1922 年英国在《卫星城建设》中正式提出了卫星城市的概念，旨在控制大城市的过度扩张，疏散过分集中的工业和人口。

20 世纪 30 年代，英国议会通过了旨在保护农用地及遏制城市无序发展的法案，并开始在城市周边设置绿化带。1946 年英国议会通过《新城法》，开始建设一系列新城以疏散伦敦等大城市过分集中的工业和人口，建设了第一代新城，代表城市哈罗新城。

进入 80 年代，西方开始关注城市扩张带来的各种环境问题，认为"以小汽车为导向的交通方式、低密度的城市扩张，这种城市蔓延方式是一种不可持续的增长方式"。美国学者由此提出了"紧凑型城市（compactness city）"和"理性增长（smart growth）"的概念，提出城市发展应该采取 TOD（Transit-Oriented Development）模式，划定城市增长界限（Urban Growth Boundaries，UGBS）、分期分区发展（Zoning）等措施。

而真正意义上的城市蔓延是由美国率先提出。20 世纪 50 年代，放任无约束的自由市场力量、中产阶层崛起推动"美国梦"的理想居住模式、大量私家车出现及市民的长距离通勤实现等因素，促使美国率先出现城市蔓延（urban sprawl）现象，一方面疏散缓解了大城市中心区的生活压力，另一方面，也带来严重的交通拥挤，大量农田被侵吞，环境破坏严重。与此同时，1960 年代欧洲国家也相继出现同样的城市蔓延问题，城市蔓延作为不可持续的增长方式迫使各国政府专家开始思考自身增长方式，提出改变增长模式的五条途径：①增长管理；②精明增长；③区域规划；④传统邻里规划；⑤交通导向规划。

二、国内控制措施研究

对于中国城市而言，如何借鉴、总结国内外成功经验和失败教训，选择适合国情的治理机制和调控策略，进而解决政府失灵问题成为当前重点。关于控制城市蔓延国内已有一系列研究成果，主要集中在城市的发展模式、空间结构、增长边界、交通组织、用地规划五个方面。发展模式方面，研究认为城市边缘区在生态空间上比中心城区更加脆弱、蔓延、破碎，因而在规划中必须主动规避以城市为主导辐射乡村的被动城市化模式，转变传统城市规划以中心城区为主体、以发展建设为目标的思路，加强对自然生态系统完整性和连续性的统筹考虑，强调对各类环境约束条件的积极响应。空间结构方面，研究指出应该对城市边缘区土地资源的利用进行空间上的整合及总体空间发展模式上的引导。针对我国城市边缘区目前存在的现状问题，有必要进行土地资源利用空间整合，建立该空间"刚性"的控制圈，走土地利用集约化的城市精明主义道路，同时引导城市空间走向可持续的有机发展模式。增长边界方面，研究认为通过边界限定对城市边缘区"塑形"，制约多头管理，减少空间管理与规划"盲点"。中国大城市的发展要阻止低效蔓延的发生，必须控制城市增长的边界。实现城市边缘区在地域空间、行政管理、规划编制上的整合。交通组织方面，研究指出应建立快速的捷运系统为城市可持续的空间扩展提供支撑。我国城市边缘区反蔓延生态控制圈的构建需要快速的捷运系统为其提供引导城市空间生长的"动脉"和"骨骼"支撑，促使城市新的空间增长点沿快速轨道干线和交通干道在跨越边缘区反蔓延生态控制圈之后能够合理有序的发展（吴志强，2008）[6]。用地规划方面，研究者基于城市边缘区城乡用地及规划控制问题、边缘区建设用地与非建设用地关系及影响控制要素分析，以保证城市边缘区生态和谐为目标，从三个方面提出城乡用地规划控制方法与对策：①从城乡用地总量和城乡用地空间关系角度出发的城乡用地总体控制。②运用 AHP 层次分析法的思想，通过其递阶层次结构，初步构建城市边缘区城乡用地转化实施过程控制框架体系。建立非建设用地转化控制的层次分析框架体系以及建设用地复垦控制的层次分析框架体系。③结合规划控制方法提出相应的城乡用地总量及双向转化管理对策（黄晨，2013）[7]。

城市边缘区不仅仅是城市地域内部一种独特的景观类型，还是一个介于城市与农村之间的独特区域，其特征既不像城市，也不同农村，土地利用具有综合的特点（Carter H，1997）[8]。城市边缘区的复杂属性注定了其相比于城市中心更加脆弱、破碎的特征，同时城市一旦扩张发展，城市蔓延如无法遏制，边缘区的改变成为必然，生态环境难以维持一个稳定的水平，加速了各类问题的产生。只有在控制与引导的基础上，城市蔓延的问题才能在一定程度上得以控制，城市边缘区规划必须改变以往的传统城市规划的条框手段，在低碳生态的基础上发展才能保证城市边缘区的可持续发展。

第四节　发展与低碳，一条持久的绿色探索之路

城市蔓延正在发生，其产生的问题已被社会关注，各种针对性的解决方案已提上日程，但解决问题的科学途径与正确价值导向是什么，还是一个需要不断深入研究与探讨的未知领域。

工业革命以后，人类活动主要集中的城市地区，由交通、供暖、供电以及建筑建造引起的大量化学能源的燃烧，使大约 97% 的二氧化碳来自于城市地区（Svirejeva-Hopkins et al., 2004）[9]。城市活动强烈地影响着土地利用覆被的变化，并且持续性地、剧烈地改变着城乡间的碳循环。尽管城市的扩张区域仅占了地球表面的一小部分，但它的影响却不仅仅只限于其边界之内，还深远地影响着其周边广袤的地区（Galina C，2008）[10]。2013 年，我国碳排放量达到 100 亿 t，城市碳排放的膨胀和周边碳汇用地的萎缩加剧了我国碳循环体系的失衡的情况。《中华人民共和国国民经济和社会发展第十三个五年规划纲要》将"应对全球气候变化及绿色低碳发展研究"纳入到重大课题，表明要从科学合理的城镇化格局中、生态安全格局、农业发展格局中构建可持续的低碳循环发展。城市的低碳规划设计越来越成为当今应对全球气候变化的重要研究热点[11]。增加碳汇能力与减少碳排放从而达到碳排碳汇平衡是实现低碳城市发展的核心途径，减少碳排放是其中的重要方向[12, 13]。

关于碳减排规划设计研究已有一系列研究成果，主要集中在单个城市的空间结构、交通组织、产业调整和生活方式转变四方面（顾朝林，2009；吕斌，2011）[14, 15]。空间结构方面，研究认为城市空间结构对城市的碳排放具有一定的锁定作用[16]，对提升城市能源使用效率，降低碳排放水平有重要作用，是低碳城市规划的核心手段（Pacala S，2004）[17]。并认为空间结构与城市密度、土地利用有关，低碳发展要求下的高密度土地开发及短距离交通通勤必然要求城市空间紧凑发展（杨磊，2011）[18]，紧凑空间结构模式是低碳城市空间发展的必然选择（吕斌，2011；丁成日，2005；Halyan C，2008；陈秉钊，2008）[19-21]。交通组织方面，研究认为交通对城市能源消费及 CO_2 排放量起关键作用，并已经被大量城市蔓延的定性研究所证实（Jeff K，2002；Jonathan N，2006）[22, 23]，因此强调了公共交通引导的土地开发模式是低碳城市建设的重要途径，并提出大力发展公共交通系统，鼓励提倡自行车和步行出行，减少不必要的小汽车交通等交通发展策略（Peter N，2007；潘海啸，2008；诸大建，2009）[24-26]。产业调整方面，研究指出引导城市产业结构的调整，促进循环经济的发

展，应用先进的技术手段和采用严格的环境保护措施是实现低碳城市的重要策略（郑明亮，2005）[27]。生活方式转变方面，研究指出低碳消费与低碳行为对于实现低碳城市发展有重要的现实意义，因为碳排放更多的是来源于城市交通、住宅和公共建筑等与人的生活方式密切相关的因素，通过低碳消费理念与生活方式的转变可以实现低碳消费与低碳行为，从而实现低碳城市发展（刘志林，2009；吕斌，2010）[28, 29]。

研究指出，城乡生态绿地空间系统对大气温室气体含量产生的影响作用应该受到重视，利用城乡生态绿地空间的碳贮存量增加而产生减排效果，对推动低碳城市发展有极大意义[30]。土地利用/覆盖变化（LUCC）是除了工业化之外，人类对自然生态系统的最大影响因素（Turner et al.，1997；Lambin et al.，2001）[31, 32]，土地利用/覆盖类型是决定陆地生态系统碳储存（即碳汇）的重要因素，土地覆盖形式由一种类型转变为另一种类型往往伴随着大量的碳交换（Bolin & Sukumar，2000）[33]。全球储存在陆地生态系统中碳的数量约为 2.477 万亿 t，土壤储存了约 81%，而植物储存了约 19%[34]。IPCC（政府间气候变化专门委员会）于 2000 年已指出全球通过有效土地管理可以在 2010 ~ 2040 年间每年减低大气碳量约 1027 ~ 2235Mt（$1M=10^6$），当中植林可以有 3.1t/（$hm^2 \cdot a$）的碳汇功能[35]。方精云指出中国 1981 ~ 2000 年总植被和土壤碳汇相当于同期工业碳排放的 20.8% ~ 26.8%[36]；国外研究分析指出在 1980 年代欧洲大陆的陆地生态系统吸取了其工业碳排碳汇的 7% ~ 12%[37]；而美国在 1980 年代的陆地生态系统吸取了工业碳排碳汇 30% ~ 50%[38]。戴星翼指出城市周边良好的生态服务体系保障了城市能够更为有效地享受大自然提供的服务，由此减少能源驱动而实现碳减排，因此对其空间体系进行保护对城市低碳发展具有重要作用[39]。综上所述，碳减排研究对象主要集中在单个城市，而关于生态系统空间优化即碳汇用地低碳规划方面的研究还有很大探索空间。

参考文献

[1] Harvey, Robert O and Clark, WAV. The nature and economies of urban sparwl [J]. A Quarterly Jounarl of planning. Housing & Publie Utilities，1965,7（1）：1-10.

[2] 周捷（婕）.大城市边缘区理论及对策研究——武汉市实证分析 [D].同济大学，2007.

[3] 秦志峰.中国城市蔓延现状与控制对策研究 [D].河南大学，2005.

[4] 孙萍，唐莹，Robert J. Mason，等.国外城市蔓延控制及对我国的启示 [J].经济地理，2011，31（5）：748-753.

[5] 单卓然，张衔春，黄亚平.1990 年后发达国家都市区空间发展趋势、对策及启示 [J].国际城市规划，2015，30（4）：59-66.

[6] 周婕，吴志强. 谁持彩练当空舞——城市边缘区反蔓延生态控制圈研究 [A]. 生态文明视角下的城乡规划——2008 中国城市规划年会论文集 [C]. 中国城市规划学会，2008：12.

[7] 黄晨. 城市边缘区城乡用地规划控制研究 [D]. 苏州科技学院，2013.

[8] Carter H，Wheatlay S. Fixation Lines and Fringe Belts，Land Uses and Social Areas：19-Century Change in the Small Town.Transaction of the Institute of British Geographers.London：Royal Geographical Society（with the Institute of British Geographers），1979.

[9] Svirejeva-Hopkins A，Schellnhuber H J，Pomaz V L. Urbanised territories as a specific component of the carbon cycle. Ecological Modeling，2004，173：295-312.

[10] Galina C. Modeling the carbon cycle of urban systems. Ecological Modelling，2008，216：107-113.

[11] TCPA & CHPA'S Jont. Best Practice Guide-Community energy：Urban planning For a Low Carbon Future，2008.

[12] 王建国，王兴平. 绿色城市设计与低碳城市规划 [J]. 城市规划，2011，35（2）：20-12.

[13] 周岚，于春. 低碳时代生态导向的城市规划变革 [J]. 国际城市规划，2011，6（1）：5-11.

[14] 顾朝林，谭纵波，刘宛等. 气候变化碳排放与低碳城市规划 [J]. 城市规划学刊，2009（3）：38-45.

[15] 吕斌，刘津玉. 城市空间增长的低碳化路径 [J]. 城市规划学刊，2011，3（195）：33-38.

[16] Kahn M E. Urban Growth and Climate Change[J]. Resource Economics，2009，1（1）：333-350.

[17] Pacala S，Socolow R. Stabilization Wedges：Solving the Climate Problem for the Next 50 Years with Current Technologies[J].Science，2004，305：968-972.

[18] 杨磊，李贵才，林姚宇. 城市空间形态与碳排放关系研究进展 [J]. 城市规划.2011，18（2）：12-17.

[19] 丁成日，宋彦，Gerrit Knaap 等. 城市规划与城市结构：城市可持续发展战略[M]. 北京：中国建筑工业出版社，2005：132-139.

[20] Halyan C，Beisi J，etal.Sustainable urban form for Chinese compact cities：challenges of a rapid urbanized economy[J]. Habitat International，2008（32）：28-40.

[21] 陈秉钊. 城市，紧凑而生态 [J]. 城市规划学刊，2008（3）：28.

[22] Jeff K，Gang H.Transport and urban form in Chinese cities：an international comparative and policy perspective with implications for sustainable urban transport in China[J].DISP 151.2002（4）：4-14.

[23] Joanthan Norman.Company high and low residential density：life cycle analysis of energy use and green house emission[J].Journal of Urban P & D，2006（3）：10-19.

[24] Peter N，Jerry K. Sustainability and cities：Overcoming automobile dependence[M]. Washington，DC.：Island Press，2007：94-111.

[25] 潘海啸，汤諹，吴锦瑜 等. 中国"低碳经济"的空间规划策略 [J]. 城市规划学刊，2008（6）：57-64.

[26] 陈飞，诸大建，许琨. 城市低碳交通模型、现状问题及目标策略 - 以上海市实证分析为例 [J]. 城市规划学刊，2009（6）：39-46.

[27] 郑明亮. 基于产业结构战略性调整的城市化发展思路 [J]. 统计与决策，2005（5）：96-98.

[28] 刘志林，戴亦欣，董长贵 等. 低碳城市理念与国际经验 [J]. 城市发展研究，2009（6）：1-7.

[29] 余猛，吕斌. 低碳经济与城市规划变革 [J]. 中国人口资源与环境，2010，20（7）：20-24.

[30] 叶祖达. 建立低碳城市规划工具一城乡生态绿地碳汇功能评估模型. 城市规划.2011，2：32-38.

[31] Turner B.L. Ⅱ，David S.，Steven S.，et al.Land use and land cover change[J].Earth Science Frontiers，1997，4（1）：26-33.

[32] Lambin E F，Turner B.L.II，Geist H，et al. Our emerging understanding of the causes of land-use and-cover change[J]. Earth Science Frontiers，2001.

[33] Bolin B，Sukumar R .Global perspective .In：Watson RT，Nobla IR，Bolin B，et al，Earth Science Frontiers，Land Use，Land Use Change，and Forestry.Cambrige University Press，Cambrige，UK，23-51.

[34] N.H.Ravindranath，M.Ostwald. 林业碳汇计量 [M]. 北京：中国林业出版社，2009.

[35] IPCC. Land Use，Land Use Change and Forestry. New York：Cambridge University Press，2002.

[36] 方精元，郭兆迪，朴世龙，等.1981-2000 年中国陆地植被碳汇的估算[J]. 中国科学（D 辑），2007，37（6）：804-812.

[37] Janssens I A，et. al. Europe's Terrestrial BioSphere Absorbs 7% to 12% of European Anthropogenic CO_2 Emission[J]. Science，2003，300：1538-1542.

[38] Pacala S W，et. al. Consistent Land and Atmosphere Based US Carbon Sink Estimates[J]. Science，2001，292：2316-2320.

[39] 戴星翼，陈红敏. 城市功能与低碳化关系的几个层面 [J]. 城市观察，2010（2）：87-93.

城市边缘区空间
扩张模式、动力和阶段

城市蔓延程度主宰着城市边缘区的变化发展，是城市碳排碳汇用地平衡的核心主导因素之一。城市边缘区是城市碳排碳汇转换的集中地，研究城市边缘区碳流通过程的前提是充分了解城市边缘区空间的扩张模式、驱动因素和演变阶段，以及三者的内在关系。

第一节　基本概念探讨

一、城市边缘区

首先来讨论一下城市边缘区的由来。第一个提出其概念的是德国地理学家赫伯特·路易斯（H.Louis），他于 1936 年从城市形态学的角度提出了城市边缘区的概念。他在研究柏林的地域结构时发现，原来的乡村地区逐步被城市建成区占用而成为城市的一部分，随之他将这一地区定义为城市边缘区（Stadtrandzonen）。并提出城市边缘区是城市环境向乡村环境转化的过渡地带，是城市地域结构的一个重要组成部分，它位于连片建成区和郊区以及具有几乎完全没有非农业住宅、非农业占地和非农业土地利用的纯农业腹地之间的土地利用转换地区，是一种在土地利用、社会和人口特征等方面发生变化的地带。此后针对城市边缘区，国内许多学者先后对其定义与范围进行了界定。顾朝林认为城市地域结构划分方法应当为"核心区 - 边缘区 - 城市影响区"三分法，将城乡相互包含有飞地和犬牙交错的地域划分为城市边缘区，其中内边界以城市建成区的街道为界，外边界以城市物质要素扩散范围为限 [1]。陈佑启则是认为城市和乡村的过渡地带可分为城市边缘带和乡村边缘带，二者共同组成了"城乡交错带" [2]。周捷博士总结提出城市边缘区是城市建成区与周边广大农业用地相互融合渐变的地域，它是介于城市与乡村之间独立的地域空间单元，具有空间的连续性，土地向量的渐变性，以及社会、经济、人口、环境等方面的复杂性；它的构成可以划分为近缘区和外缘区，其中近缘区位于环城市内建成区周边，城市物质要素和非物质要素明显，城乡结合部是其构成的一部分区域 [3]。

根据学者对边缘区概念的相关研究，可以确定的是，城市边缘区是位于城市与乡村之间的过渡地带，并受城市各要素辐射影响力的强弱程度，划分为内边缘区和外边缘区。在我国行政区划体制中，一般城市是由几个市辖区单位组成，而市辖区中又分为城区和郊区两类，市辖区之间有明确的行政界线，而城区和郊区之间界线模糊。而在城市规划体系中，以行政区划为单位范围，将城市地域划分为建成区、规划区和郊区三个部分。边缘区的划分并无明确的物理界限，划分依据与方法也存在多种，为了与我国的行政区划以及城市规划实现范围边界的重合与对接，认为城市边缘区由两部分组成：一个是城市内边缘区，即直接受城市扩张影响的城乡交错区，受对应城市规划学界中的规划；二是城市外边缘区，即位于内边缘区外围，以城市市辖区行政区划为外边界，以农业用地为主，受城市"卫星城"扩张影响的广阔区域。

二、碳排碳汇用地

对应城乡用地分类，依据各类用地的碳排碳汇功能，可以判断该类用地在碳循环过程中主要发挥的作用为碳排或是碳汇。并将其分为碳排用地与碳汇用地（表2-1）。碳排用地指为人类活动提供场所并通过人类活动向大气中释放二氧化碳的土地，垂直碳流通的碳排放量远远大于碳储存量，包括城镇建设用地和区域交通设施用地两个中类：城镇建设用地包括城乡居民点建设用地、区域公用设施用地、特殊用地、采矿用地、其他建设用地；区域交通设施用地包括铁路、公路、港口、机场和管道运输等区域交通运输及其附属设施用地。碳汇用地是指通过光合作用将大气中的二氧化碳转化为碳水化合物，并以有机碳的形式固定在植物体内或土壤内的用地，垂直碳流通的碳储存量大于碳排放量，包括水域、耕地、园地、林地、牧草地、绿地和其他非建设用地七中类：耕地包括水田、水浇地、旱地；园地包括茶园、菜地、其他园地；林地包括有林地、灌木林地、其他林地；牧草地包括天然牧草地、人工牧草地、其他草地；绿地包括公园绿地、防护绿地；水域包括河流、湖泊、水库、坑塘、沟渠、滩涂、冰川及永久积雪；其他非建设用地包括空闲地、盐碱地、沼泽地、沙地、裸地、不用于畜牧业的草地等用地。

碳排碳汇用地分类与构成表 表2-1

大类	中类	构成内容
碳排用地	城镇建设用地	包括城乡居民点建设用地、区域公用设施用地、特殊用地、采矿用地、其他建设用地
	区域交通设施用地	包括铁路、公路、港口、机场和管道运输等区域交通运输及其附属设施用地
碳排碳汇用地	耕地	包括水田、水浇地、旱地
	园地	包括园地、茶园、其他园地
	林地	包括有林地、灌木林地、其他林地
	牧草地	包括天然牧草地、人工牧草地、其他草地
	绿地	包括公园绿地、防护绿地
	水域	包括河流、湖泊、水库、坑塘、沟渠、滩涂、冰川及永久积雪
	其他非建设用地	包括空闲地、盐碱地、沼泽地、沙地、裸地、不用于畜牧业的草地等用地，以及设施农用地、田坎、农村道路等用地

在边缘区的用地中，具有碳汇功能的用地类型主要为耕地、园地、林地、牧草地及水域。其中，林地是主要的碳汇载体，其生物量和净生产力约占整个陆地生态系统的86%和70%。土壤碳汇量约占整个世界土壤总碳库的73%[4]，其碳汇量远远高于其他几类碳汇用地。而我国林地植被碳储量和碳密度空间差异显著，森林生态系统植物碳密度在各森林类型间差异比较大，介于 $6.47 \sim 118.14 Mg/hm^2$ [5, 6]（$1Mg=10^6g$）。方精云等对我国森林植物的生物量和净生物产量进行了估算，发现森林的总生物量是 $9102.87 \times 10^6 t$，其中林分为 $8592.13 \times 10^6 t$，经济林为 $325.72 \times 10^6 t$，竹林为

185.027×10⁶t，疏林及灌木林为 790.547×10⁶t；森林和疏林（含灌木林）的总生产力分别是 1177.31×10⁶t/a 和 458.16×10⁶t/a[7]。而园地植被以灌丛为主，灌丛植被平均碳密度为 10.88±0.77Mg/hm²，不同植被类型差异较大，在 5.92 ~ 17Mg/hm² 之间波动[8]。李克让[9] 等对中国植被和土壤碳贮量测算后发现，常绿阔叶林的植被碳密度为 14.2kg/m²，而土壤碳密度为 12.92kg/m²；灌丛分别为 1.20kg/m² 和 9.40kg/m²；草地为 0.34kg/m² 和 9.99kg/m²；耕地为 0.57kg/m² 和 10.84kg/m²。土壤的碳贮量仍然是不可忽视的一部分。综合比较具有代表性的对中国不同植被类型碳密度研究的成果，构建出了城市边缘区植被和土壤碳库估算表，见表 2-2。其中，耕地由于每年耕作交替，植被被收割，碳贮量主要储藏在土壤中。

不同碳汇用地植被及土壤碳密度表　　　　　　　　　　　　　　　　　　　　　　　　　表 2-2

序号	类型	植被碳密度（kg/m²）	土壤碳密度（kg/m²）	合计（kg/m²）
1	林地	5.92	12.92	18.84
2	园地	1.79	9.40	11.10
3	耕地	0.57	10.84	11.41
4	草地	0.34	9.99	10.33
5	水体	0	9.42	0.42

第二节　空间扩张模式

城市边缘区空间扩张模式是针对城市快速发展期的起步、初期、中期、中后期和后期五个阶段。在对不同城市边缘区扩张模式的表现研究上，吴娟[10] 认为 1988 ~ 1997 年，上海市边缘区呈平面蔓延式扩展；1997 ~ 2009 年，呈现轴向发展与组团发展的特征。周捷[11] 在对武汉城市边缘区的研究中总结出大城市边缘区具有组团扩展、集中连片、独立发展、渐近发展几种模式。而对中等城市，瞿伟[12] 对昆明市边缘区扩展形式——轴向扩展和内外向填充的总结，杨新刚[13] 总结出合肥市边缘区扩张模式主要有轴向延展式、片状蔓延式、跳跃膨胀式三种；Roberto[14]（2002）指出城市用地空间扩展类型有五类，即填充（infilling）、外延（extension）、沿交通线扩展（inear development）、蔓延（spraw）和卫星城（large-projects）。Leorey 等[15]（1999）指出城市用地增长有三种类型，即紧凑（compact）、边缘或多节点（edge or multi-nodal）和廊道（corridor）。综合分析，城市边缘区空间扩张模式主要有轮盘型、指状型、独立型、连片型、蔓延型、填充型六种。

一、轮盘型

轮盘型是城市边缘区空间扩张的典型模式，也称为"同心圆式"。它以主城区为核心，呈环状向外扩张，在形态上类似于轮盘，边缘区的空间发展多依附于城市的环道等，这种模式一般发生在比较大型城市快速发展的后期发展阶段，特别是地处平原地带以及规划控制相对乏力的城市。相对来说，轮盘型扩张模式具有更高的向心性，能够获得更好的集聚效应，城市的形态也相对完整规则。但是由于它对主城中心区的依附性较高，如果不加以限制，也很有可能会引发"摊大饼"带来的一系列城市问题。

二、指状型

指状型是指城市边缘区空间沿一定的轴线方向连续发展而形成的带有明显的方位指向的线性模式，发生于城市快速发展的初期阶段与中期阶段。它的形成主要是由于交通干线向外延伸的推动作用，也有可能是因为狭长地形的限制。交通干线是城市任何新开发用地与中心城区最重要的联系方式，对周边边缘区的形成有快速强大的带动作用。边缘区沿着交通干线呈指状型扩张，使城市明显呈发散式的形态效果，体现出城市一定的发展指向，一般意味着城市已进入快速发展期。

三、独立型

独立型是指边缘区在空间上不与中心城区连续、呈跳跃状的发展模式。它们往往离主城区有一定的距离，可能是在有计划目的的指导下新建的，如工业型飞地；也有可能依托于原有的乡镇发展而成，如某些卫星城镇。独立型边缘区扩张模式主要发生在城市快速发展的阶段，有时会与主城区形成一定的指向性联系特征。

四、连片型

连片型是指边缘区在有一定规划和安排下有规律、有计划成片进行开发的模式，发生在中期与中后期阶段。连片型扩张模式体现出城市对边缘区的扩展进行了有目的有针对性的统筹安排，城市已能在很大程度上控制边缘区扩张的方向、范围和功能。这些成片的边缘区一般为城市新的发展区，例如新的经济技术开发区、科技文教区等等。连片型边缘区扩张模式的出现说明城市已进入了一个相对稳定的发展阶段。

五、蔓延型

蔓延型是一种无秩序、无计划的边缘区空间扩张方式，可以发生的城市发展的初期阶段或城市发展的后期阶段，即初期的自发阶段与中后期的失控阶段。边缘区的蔓延缺乏统一的规划指导，一般是人为自发形成的。它的扩张带有明显的盲目性与随机性，在空间形态上表现为碎裂与不规则，也带有较明显的发散特征。蔓延的空间扩张速度较快，但由于缺乏规划，土地利用效率低，容易造成土地的浪费或二次重复建设。

六、填充型

填充型在边缘区扩张的形态表现上并不明显，它是边缘区内部土地利用的自我完善与补充。填充有可能是将原本分散的土地连接起来，形成完整的片状；也有可能是仅在某片区域之中，通过基础设施及建筑设施的完善将原本未利用的土地建设起来，核心区内部也有填充不断发生。

第三节　空间扩张动力

关于边缘区扩张的动力机制，普遍认为城市用地增长主要受经济发展、人口增长、城镇化、自然条件、区位条件、国家宏观政策等各方面的影响。张宁等认为边缘区空间的扩张除了受自然地理条件和城市规划等政治因素制约外，以经济发展、工业进步、城市化建设等社会经济因素的推动为主[16]。杨荣南和张雪莲从经济发展、地理自然条件、交通建设、政策与规划控制、居民的生活需求几个方面探讨了城市空间扩张的动力机制，并提出不同因素组合形成的城市扩张模式[17]。陈本清和徐涵秋通过遥感解译技术分析厦门市 1989～1990 年城市扩张的速度及方向，认为经济的发展、外商投资的注入、多山临海的地理条件是决定厦门市城市扩张速度及方向的主要动力[18]。何流和崔功豪分析了南京 20 世纪 80 年代以来至 1997 年城市空间扩展及结构演化现象和特征，认为经济增长因素、政策因素和规划引导因素是城市空间扩展的动力机制[19]。Seto 与 Kaufman 通过研究分析珠江三角洲的城市用地变化特征和城市用地扩张的社会经济驱动因素，认为工业投资的增长是城市其他用地转变为建设用地的主要驱动因素[20]。Paclone 和 Li L 等认为人口增长或社会经济发展是城市土地扩张的主要驱动因素[21, 22]。W.H.Form 把影响城市土地利用变化的动力分为市场驱动力和权力行为力两大类，市场驱动力通过行为力作用于城市空间[23]。总体而言，城市边缘区碳排碳汇用地扩张的普遍驱动力机制可以分为自然地理因素、社会经济因素、政府政策因素、规划引导因素、社会文化因素五个类别来进行探讨。

一、自然地理因素驱动

自然地理因素主要表现为对边缘区扩张的诱导与制约作用。耕地、园地、林地等碳汇用地的利用离不开地形地貌、气候、土壤资源的影响，建设用地和交通用地等碳排的利用则多受地形条件的约束和诱导，资源环境、地质灾害等也会制约影响城市边缘区的形成与扩张。所以，在自然地理因素驱动下的城市边缘区各方向的扩张速度有差异，扩张形状不规则。由于地形条件对边缘区扩张的约束门槛作用，使山体林地、湖泊水域等碳排用地的转化较少，对碳汇用地的生态格局的破坏也较小。

二、社会经济因素驱动

社会经济是城市由于自身发展而自然形成的促进城市边缘区扩张与演变的动力，对城市边缘区碳排碳汇用地变化的作用最复杂。由于城市人口增长、经济发展、级差地租因素的影响，使中心城市不断向郊区扩张，乡镇建设逐渐壮大，新的城市边缘区不断形成，碳排用地也不断向碳汇用地转换，原有边缘区逐渐转变成为中心城区。而交通设施的建设与基础设施的完善对边缘区的扩张有着牵引作用，加速边缘区的扩张与内部碳排碳汇用地的空间格局演变。社会经济因素对边缘区碳排碳汇用地的影响主要有以下几种：

（1）人口增长对边缘区建设用地扩张的推动作用。一方面，城市人口的增长使人们对居住、就业需求逐渐攀升，当超过城市人口承载力的极限时，人口空间向郊区扩散，郊区耕地、园地被转化为建设用地；另一方面，农村人口的增长使剩余劳动力不断向市区、乡镇集中，更进一步刺激了边缘区的对外扩张。人口增长对边缘区的推动作用是自发而成的，往往缺少统一的规划与管理，碳汇用地的转化具有随机性和盲目性，在空间上是分散的，所以边缘区碳排用地的占比一般比较小，而且形状不规则，碳汇用地与碳排用地的破碎度比较高，用地构成复杂。

（2）经济发展对边缘区扩张的内动力与外吸引力作用。一方面，市区经济发展使边缘区城市化进程加快，大片工业区、居住区在郊区大面积建成，大量耕地、林地转化为建设用地，碳排用地相对集中成规模，但对碳汇用地的格局破坏较大；另一方面，乡镇经济发展使郊区乡镇不断形成规模，吸引力也不断攀升，与市区的联系也更加紧密，影响边缘区的扩张方向与扩张速度，所以边缘区容易在乡镇形成卫星城跳跃型扩张，建设用地多为园地与耕地转化而成。

（3）交通设施建设对边缘区扩张的导向与牵动作用。交通设施建设促进边缘区的扩张，并且对边缘区的扩张方向有着深刻影响。交通干线是城市的骨架，城市建设都是围绕着交通展开的，所以交通干线周围的碳汇用地转化最为活跃，边缘区的扩张沿道路呈指状。交通设施建设对边缘区扩张的作用一般发生在城市发展比较快速的阶段，碳排用地侵占速度比较快，分布也比较集中位于交通用地周围，所以对林地的侵占比较小，而指状的边缘区扩张形态有利于碳排用地呈楔形插入边缘区。

（4）基础设施完善对边缘区用地转化的促进作用。基础设施完善促进了边缘区城市化进程，使边缘区不断完善功能，碳排用地不断转化为碳汇用地，最终使其成为中心城区的一部分。边缘区基础设施的完善一般在边缘区内部填充实现，所以转化的面积小，速度快，位置靠近建设用地，所以多为非建设用地与园地向建设用地转化。

三、政策决策因素驱动

政府政策因素对边缘区扩张的影响广泛而深刻，正确的政策决策对边缘区发展有着积极有效的调控作用，而错误的政策决策则对边缘区发展有副作用。政策决策对边缘区的影响通过人口、土地、工业、住房等方面的制度变革、政策支持与法规保障来发挥调控作用，引导城市边缘区有序、良性发展。如工业结构调整政策使中心城区主要发展第三产业、大型污染型工业外迁至边缘区、大片工业园区在边缘区落户；政策支持开发新区以促进整个城市经济发展；出台相关土地政策与法律法规来保证土地利用的合理使用，保证耕地、林地不被无节制的侵占，使边缘区的土地利用更加合理化。政府政策因素对城市建设具有导向与规范调控作用，反映在加速郊区工业园区、市区旁新区的建设上，所以政策因素引导的边缘区扩张一般为紧邻中心城区连片型扩张或在郊区呈飞地型扩张，所以对林地、耕地侵占较多，但由于建设周期长，碳汇用地转化较慢，作用初期碳排用地布局比较疏散。

四、规划引导因素驱动

城市规划的目的是指导与控制城市建设。改革开放以来，随着规划引导越来越具有前瞻性和科学性，城市规划对城市建设及边缘区扩张的影响越来越大。目前控制城市规模、建设卫星城、土地合理使用已经成为城市规划的主要思路与趋势，城市规划对边缘区的土地利用与扩张方式起到了控制、调整和引导的作用，避免了边缘区无度蔓延，土地利用更集约合理，耕地面积与规模得到保证。所以在城市规划的控制引导下，碳排大部分由林地转化而成，碳汇用地与碳排用地分布比较集中。

五、社会文化因素驱动

人们的生活方式、思想观念对城市的发展方式起到深层次潜移默化的影响，从而影响边缘区扩张。对于生活富裕的人，由于城市中心区污染严重，他们更愿意搬迁到生态环境比较好的郊区；对于进城打工的农民工和城市下岗工人等比较贫穷的人可能因为生活成本问题选择居住在边缘区的城乡结合部。同时，边缘区不同阶层的混合会造成土地空间结构的分化，使碳排碳汇用地构成复杂并且具有空间差异性。

第四节　空间扩张阶段

1970 年后，英国地理学家科曾（M.R.G.Conzen）发现了边缘区空间结构变化具有周期性的特点，呈加速、减速、稳定三种状态向外推进，并形成圈层增长的空间结构[24]。埃里克森（Rodney A.Eriekson）将城市边缘区土地利用空间与结构的演变划分为三个不同的阶段：外溢—专业化阶段、分散—多样化阶段与填充—多核化阶段[25]。

从 19 世纪初杜能的农业区位论到 20 世纪伯吉斯（E.W.Burgess）的城市土地利用结构模式，都揭示了城市外围农村地区深受城市中心区的影响，并同样具有圈层式的特征 [26, 27]。1939 年，霍伊特（H.Hoyt）提出交通运输通道对城市边缘区的扩展具有轴向作用，并同样具有周期性推进的特征 [28]。这些都说明，在城市边缘区不同的扩张阶段，边缘区的扩张模式具有不同的表现特征。

城市边缘区碳排碳汇用地空间扩张包括五个基本阶段：离心发散、外向推延、集聚整合、向心填充和有机更新阶段（表 2-3）。五个基本阶段时期边缘区主要注重于地域范围的外扩，用地的主要特征为将碳汇用地转化为碳排用地；有机更新阶段则更注重边缘区内部的修复，主要特征为将碳排用地恢复为碳汇用地。

城市边缘区碳排碳汇不同发展阶段扩张模式及动力 表 2-3

发展阶段	模式	动力机制	对碳排碳汇用地的影响	形态
离心发散	蔓延型	人口增长推动因素	◆对碳汇用地的侵蚀较小，但范围大； ◆侵占碳汇用地多为耕地及园地；	
	指状型	◆交通运输牵引因素 ◆自然地形条件驱动	◆侵占碳汇用地的速度较快； ◆内部存在大量未利用地； ◆对林地的侵占比较少；	
外向推延	轮盘型	城市规划扩张驱动	◆外围可能会有林地围绕； ◆侵占碳汇用地的速度较慢； ◆圈层内保留碳汇用地较少；	
	独立型	◆卫星城吸引因素 ◆产业调整因素	◆侵占碳汇用地速度较快； ◆碳汇用地转变为碳排用地较彻底 ◆对碳汇用地生态系统结构破坏较小；	
集聚整合	连片型	政府支持驱动	◆碳汇用地的构成复杂，转化为碳排用地的过程较缓慢； ◆耕地、园地转化得最快；大面积的林地转化为碳排用地； ◆对碳汇用地生态系统结构破坏较大；	
向心填充	填充型	城市规划控制因素	◆碳汇用地转化为碳排用地的速度较快，但面积较小； ◆转化的碳汇用地一般为未利用地或城市绿地；	

一、离心发散阶段：碳排碳汇用地分散式转化

边缘区离心发散阶段特征表现为边缘区碳排用地不受中心城控制，离心外延，在形态上呈现发散状。同时边缘区内的碳汇用地并不被集中侵蚀，而是分散地在各处被转化为碳排用地，速率快，单个转化面积较小。主要的扩张模式有两种：蔓延外溢型与指状延展型。蔓延外溢型扩张带有明显的自发性，中心城的各种功能向外溢出，在广阔的乡村环境中形成如住宅区的单一功能区。而指状延展型则是在城市开始进入不断扩大的进程中，边缘区凭借交通干线形成向外延展轴，人口、工业、商业及城市的各项基础设施也随之向外延伸。延展轴将耕地及园地等转化为交通用地，并在交通轴周边形成建设用地，同时交通轴之间还存留着大片碳汇用地。当沿线建设用地不断增多，交通量不断增加，轴向交通便捷性降低导致经济效益进一步降低时，轴向发展速度会受到抑制，从而进入下一发展阶段。

二、外向推延阶段：碳排碳汇用地均衡式转化

边缘区碳排碳汇用地扩张的中期，碳排用地以环状向外推延，边缘区的范围迅速膨胀，边缘区进入外向推延阶段，典型的扩张模式为圈层膨胀型。圈层的推延虽不断新增了碳排用地，但仍保留着大量的碳汇用地，其中未利用地也在不断新增，城市作用力与乡村作用力进入均衡状态。边缘区扩张的速率相对较慢，但面积较广，对碳汇用地的结构破坏是不可逆转的。当边缘区扩张进入到静止发展的阶段，碳排用地转化导向内部填充，被遗留下的碳汇用地被进一步开发。

三、集聚整合阶段：碳排碳汇用地整体式转化

集聚整合阶段的典型模式为片状分散型，一般发生在边缘区碳排碳汇用地扩张的中后期。在此阶段，城市边缘区选择将碳排与碳汇用地聚集成片状整体开发，形成功能结构多样化、独立性强的分列区域。形态上表现为与中心城连接的延续型区域，或脱离主城的卫星型及飞地。区域内碳汇用地结构将被完全打乱，耕地、园地及草地等被彻底转化为碳排用地，林地也会遭受到大量侵占。但在集聚整合阶段城市已有意识地进行前瞻性整体规划，整合利用土地；并在规划当中做好生态环境预测评估，注重保护林地，对城市边缘区碳排碳汇用地的可持续发展是一种可操作的良性手段。

四、向心填充阶段：碳排碳汇用地集约式转化

边缘区扩张的后期，城市发展的力量被分散，此时显现出乡村的作用力大于城市作用力。碳排用地扩张过程趋向静止稳定，地域范围基本固定，边缘区进入向心填充阶段。城市开始有意识地控制边缘区的外扩，转而开始高效集约地利用在急速扩张中的圈层和轴间剩余的土地，对原来未利用的碳汇用地进行开发。在这过程中，甚至可能出现原本利用本不合理的已建用地被二次开发，形成不同的用途。这种再开发的过程有可能形成新的区级次中心，吸引更多的人口和产业活动聚集，城市空间形成多核化的结构。这种填充多是将碳汇用地转化成碳排用地，或是将碳排用地二次开发，对碳汇用地结构的破坏较小。当这种填充完成后，边缘区演变的周期结束，可能进入到下一个周期，相互演替，也可能进入到某个阶段中停滞不前。

五、有机更新阶段：碳排碳汇用地恢复式转化

在有机更新阶段，城市更注重生态环境的质量，开始审视边缘区扩张中不合理的结构，尝试恢复原本受到破坏的碳汇用地。城市边缘区在科学系统的规划控制下，着手探索更为科学、多样、持续的土地开发模式，对边缘区内部碳汇用地系统进行系统更新。城市为了提高生活品质，将一些已不适应城市发展需求或几近荒废的建设用地重新修复为绿地，如伦敦奥林匹克公园、上海世博后滩公园；甚至会恢复原本受到破坏的水系，如韩国首尔的清溪川。有机更新阶段是将结构受损的碳汇用地重新修复的高级阶段，但它只存在于少数发达城市中，并不是所有城市都通用。三个典型城市上海、南宁、来宾，皆未真正进入到有机更新的阶段当中，因此在实例比较中此阶段暂不做讨论。

第五节　空间扩张发展阶段、扩张模式及动力机制的内在关系

由以上研究可以发现，不论是特大型城市、大型城市，还是中小型城市，其边缘区发展的脉络一般都沿着一定的轨迹展开，其空间结构变化具有周期性的特点，呈加速、减速、稳定三种状态向外推进。城市发展阶段由蔓延发散—外扩分散—整合填充逐渐变化的方式过渡。在城市边缘区发展的特定阶段，驱动边缘区发展的主要因素也有所不同，以此构成了城市边缘区不同发展阶段下的不同扩张形态；特定的扩张模式、动力机制又共同构成了城市边缘区扩张发展的特定阶段。

城市边缘区扩张初期，即离心发散阶段主要受人口增长以及交通设施牵引两种因素而扩散，形态上受到自然地理条件的限制，扩张模式主要为自主自发的蔓延型与受山体地形、河流走向、道路交通影响的指状型。其中，边缘区扩张形态受城市边缘区本身自然地理条件的影响最大，而人口增长产生的用地需求是城市边缘区扩张发展的主要动力。此外，沿城市外延道路的建设也是引导边缘区扩张方向的主要因素，如连接邻县的县道、连接外省的省道、国道等。例如，来宾市市辖区1990年人口约为84万人，2000年人口达到约97万人，2006年人口增加到约101万人，人口的增长促使来宾人均用地增加、边缘区不断向外扩张，边缘区建设用地由1990年的562.87hm² 增加到1661.23hm²，扩张了近三倍有余。内边缘区扩张的形态受到西北部长岭、东北部尖山以及西南部古山山脉的挤压，使来宾市内边缘区的形态呈狭长形。此外，纵贯来宾市边缘区的G72国道和泉南高速始终对内边缘区的扩张方向起牵引作用，引导建设用地以指状型向南北两端蔓延。

边缘区扩张外向推延阶段，城市的经济发展成为最大的动因。城市工业及商业迅猛发展，受极化效应的影响，城市的相关产业迅速增加，推动边缘区内外来人口的大规模迁入。因工业需求产生的飞地、外来人口增加以及工业污染而导致城市内部人口外移产生的卫星城，成为这一阶段边缘区扩张的一大主要形态特征。除此以外，城市中心建成区也开始了不断以城市外环道向外推延，内边缘区呈现"摊大饼"式的轮盘型扩张。以上海为例，2000～2006年，社会经济因素成为拉动上海边缘区扩张的主要驱动因素。进入21世纪后，上海市成功完成市场经济的转型和产业结构的调整，经济迅速发展，吸引大量人口从周边城市涌入上海，当人口超过中心城区的人口承载力时，外溢作用使人口逐渐向郊区分布。而此时中心城区仍具有较强的吸引力，近郊成为除中心城区外更被人青睐的居住地点，所以人口迅速增长造成的居住、就业需求的增长，使近郊地区的建设用地发展速度也随之增长，建设用地以成片模式在近郊处快速填充扩张。此外20世纪90年代由于产业调整建设的莘庄工业园区、松江工业园区、青浦工业园区、嘉定工业园区、浦东工业园区、外高桥保税区等近郊工业园区迅速发展壮大，"一城九镇"规划的安亭镇、罗店镇、松江新城也初具规模，与中心城区之间的物流、人流、信息流的相互交换也愈加紧密，这些卫星城工业区的吸引力也随之上升。卫星城工业区的吸引力使城市边缘区的扩张具有指向性地向卫星城工业区蔓延。

集聚整合阶段，政策决策成为推动城市边缘区扩张的决定因素，规划的引导决定了这一阶段城市边缘区扩张的模式、速率及方向。重布局、重功能、重整体性成为这一时期边缘区扩张的主要特征。以南宁为例，2006年，南宁五象新区挂牌成立，新区位于南宁市旧城区东南部，规划共175km²，定位为南宁市的国际区域经济合作区。在南宁市未来的发展规划中，要求加快发展总部基地，五象新区将集物流、商贸、现代服务等产业于一体，形成功能完备、设施齐全，具有完整规划发展的体系。因此，在这一阶段中，政府的决策成为南宁市边缘区扩张的主要驱动因素，边缘区以连片型向东南部扩展，面积广、速度快，碳排用地转化完全，规划形态完整全面。

向心填充及有机更新阶段，城市开始关注内部的自我完善、补充、修复，注重向集约、生态、智慧、低碳的城市转型，在完善和更新老城区基础设施的同时，着重加强对原有"城市病"的治理，并重视对原有河流、山体等自然环境的生态修复。在上海2016～2040年城市总体规划中，城市定位转变为令人向往的创新之城、人文之城、生态之城。规划重点变为针对经济、可持续、环境保护、弹性等目标下的具体可落实指标。环境的保护及城市的低碳发展成为这一阶段城市发展的主要目的。此外，上海2040规划另一特点是土地的减量规划，要求城市用地收缩、公共基础设施优化缩减、强调环境整治，以实现区域资源整合，资源集约利用。

在城市边缘区不同发展扩张阶段中，城市的驱动机制是内在动力，是城市得以发展的决定因素；而扩张的模式则是在内在动力引导下的外在表象，两者共同构成了城市边缘区空间扩张特定阶段的特定特征。城市边缘区的发展阶段决定了其空间扩张的特有模式，使得不同规模的边缘区碳排碳汇用地扩张模式显现出周期性推进的共同特点。

参考文献

[1] 顾朝林，陈田，丁金宏，虞蔚. 中国大城市边缘区特性研究 [J]. 地理学报，1993，4.

[2] 陈佑启. 城乡交错带名辩 [J]. 地理学与国土研究，1995，2.

[3] 周捷. 大城市边缘区理论及对策研究——武汉市实证分析 [D]. 同济大学，2007.

[4] 周玉荣，干振良，赵士洞. 我国主要森林生态系统碳贮量和碳平衡 [J]. 植物生态学报，2000（05）：518-522.

[5] 王效科，冯宗炜，欧阳志云. 中国森林生态系统的植物碳储量和碳密度研究 [J]. 应用生态学报，2001（01）：13-16.

[6] 徐新良，曹明奎，李克让. 中国森林生态系统植被碳储量时空动态变化研究 [J]. 地理科学进展，2007（06）：1-10.

[7] 方精云，刘国华，徐嵩龄. 我国森林植被的生物量和净生产量 [J]. 生态学报，1996（05）：497-508.

[8] 胡会峰，王志恒，刘国华，等. 中国主要灌丛植被碳储量 [J]. 植物生态学报，2006（04）：539-544.

[9] 李克让，王绍强，曹明奎. 中国植被和土壤碳贮量 [J]. 中国科学（D辑：地球科学），2003（01）：72-80.

[10] 吴娟. 上海城市边缘区的特征研究 [J]. 上海城市规划，2013（1）：93-99.

[11] 周捷. 大城市边缘区理论及对策研究——武汉市实证分析 [D]. 上海：同济大学，2007.

[12] 瞿伟. 昆明市城市边缘区空间形态与发展模式研究 [D]. 昆明：昆明理工大学，2002.

[13] 杨新刚. 城市边缘区空间扩展模式分析——以合肥市为例 [J]. 安徽建筑工业学院学报（自然科学版），2006，14（6）：75-79.

[14] Roberto C, Maria C G, Paoto R. Urban mobility and urban form: the social and environmental costs of different patterns of urban expansion[J]. Ecological Economics, 40（3）: 199-216.

[15] Leorey O M. Nariida C S. A framework for linking urban form and air quality[J]. Environmental Modelling & Software, 1999, 14: 541-548.

[16] 张宁，方琳娜，周杰，宋金平，江君. 北京城市边缘区空间扩展特征及驱动机制 [J]. 地理研究，2010，03：471-480.

[17] 杨荣南，张雪莲. 城市空间扩展的动力机制与模式研究 [J]. 地域研究与开发，1997，02：2-5+22.

[18] 陈本清，徐涵秋. 城市扩展及其驱动力遥感分析——以厦门市为例 [J]. 经济地理，2005，01：79-83.

[19] 何流，崔功豪. 南京城市空间扩展的特征与机制 [J]. 城市规划汇刊，2000，06：56-60+80.

[20] Seto K C, Kaufmann R K, Woodcock C E. Landsat Reveals China's Farmland Reserves, but They're Vanishing Fast[J]. Nature, 2000, 406: 121.

[21] PacloneM. The Internal Structure of Cities in the Third World [13Geography, 2001,（3）: 189-209.

[22] LiL, Yohe S, Zhu H L. Simulating SpatialUrban ExpansionBased on a Physical Process [J]. Landscape and UrbanPlanning, 2003,（64）: 67-76.

[23] Form W H. The Place of Social Structure in the Determination of Land Use[J]. Social Forces, 1954, 32: 317-323.

[24] M.R.G.Conzen, Alnwiek.Northurmberland: A Stud in Town-plan Analysis, Institute of British Geog Raphers Publieation, No.27, London,

GeorgePhilip，1960.

[25] Rodney A. Erickson. The Evolution of the Suburban Space Economy[J]. Urban Geography，1983：95-121.

[26] E.W.Burgess.Urban Areasin Chicago：An Experinlcnt in Soeial Seience Researeh，Chicago[D]. Illinois，University of Chicago Press，1929.

[27] 陈佑启，周建民. 城市边缘区土地利用的演变过程与空间布局模式 [J]. 国外城市规划，1998（1）：10-16

[28] Adams J S，Hoyt H. 1939：The structure and growth of residential neighborhoods in American cities[J]. Progress in Human Geography，2005，29（3）: 321-325.

城市边缘区碳循环机制
与空间优化途径

3

城市边缘区碳循环是一个复杂的过程，存在多种路径和影响因素。要对边缘区空间进行优化规划设计，就必须深入研究"城市–边缘区"碳循环主要路径，以及影响其循环的核心关键因素。并在此基础上提出规划设计的科学价值导向，以及具体的规划设计途径与方法。

第一节 城市边缘区碳循环过程

一、碳循环系统尺度

碳循环是指碳元素在自然界的循环状态。地球上最大的两个碳库是岩石圈和化石燃料，含碳量约占地球上碳总量的99.9%。两个库中的碳活动缓慢，实际上起着贮存库的作用。地球上还有三个碳库：大气圈库、水圈库和生物库。这三个库中的碳在生物和无机环境之间迅速交换，容量小而活跃，实际上起着交换库的作用。碳循环过程所存在的几大碳库广泛分布在地球的各个方位，由此决定了碳循环体系由不同层次的子系统构成，不同层次的系统具有时空差异性，即在运行周期和运行空间具有不同尺度。从时间尺度上看，碳循环过程既包含几天甚至几小时的生物新陈代谢、化石燃料燃烧等产生的碳排放与植被光合作用产生碳吸收；同时也包含几十年甚至上千年因为生物化学作用和物理化学作用的固碳作用而形成的化石燃料碳库和岩石圈碳库。而从空间尺度上看，碳循环过程包括单体城市内部尺度、"城市 - 边缘区"尺度、"城市 - 城市"尺度、"城市群 - 城市群"尺度、全球范围尺度等由小到大的不同层次的空间尺度。不同尺度下的碳循环之间联系非常密切，小尺度过程受大尺度过程的制约，而大尺度过程是不同层次下的小尺度过程相互作用的结果。

每一种尺度下的碳循环都有其不同的规律和驱动机制，需要我们分开来看待。本书探讨的是城市边缘区用地的规划设计，因此将关注的是"城市 - 边缘区"尺度的碳循环过程。

二、"城市 – 边缘区"系统碳循环过程

在"城市 - 边缘区"范围内，物质构成要素同时包含人工要素和自然要素，陆地生态系统同时包含人工系统和自然系统，土地覆被同时具有自然营造物和人工营造物，"城市 - 边缘区"的碳循环过程受人类活动的影响，同时产生自然碳循环过程与人为活动碳循环过程，因此"城市 - 边缘区"系统碳循环同城市系统碳循环一样，具有"自然生态 - 社会经济"二元碳汇系统[1]。同时"城市 - 边缘区"内的人工系统与自然系统、城市内部与城市外围、城市与城市之间存在复杂的物流、能量流、信息流、生态流交换，因此，对"城市 - 边缘区"系统碳循环过程的模拟需要同时考虑在区域生态自然过程与人类活动过程中，城市与自然、城市与城市、城市单体内部间的碳转移过程。

"城市 - 边缘区"系统"大气 - 生态系统 - 城市"碳流通同时存在生态自然过程、社会经济过程两个体系，分为垂直流通与水平流通两个维度（图3-1）：

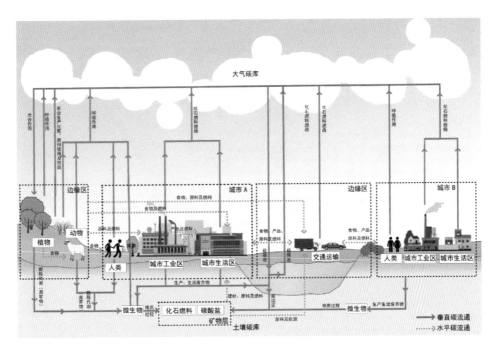

图 3-1　城市群系统碳
循环动态过程模型

（1）生态自然过程。生物（动植物、人类、微生物）呼吸作用、水体碳挥发产生碳排，向大气碳库输入 CO_2，大气中的 CO_2 一部分通过植物光合作用固定成为有机化合物储存在植物中，一部分被水体溶解形成有机碳储存在水体中[2, 3]；动物及人类通过食用植物，将植物中的含碳有机物摄入体内，而后在新陈代谢中产生的凋落物和废弃物一部分由微生物呼吸分解作用释放回大气碳库，一部分通过漫长的地质过程同水体碳沉淀形成化石燃料及碳酸盐岩储存在地下[4]。自然生态过程以垂直碳流通为主，产生的碳循环过程循环周期比较长且具有规律，碳循环过程主要受自然环境或人类活动的干扰影响，在不受人类活动干扰的情况下，大气碳库和地表碳库之间的碳输入量基本能保持平衡的状态。

（2）社会经济过程。人类从事生产活动从而满足自己的生活需要，需要自然系统向人工系统提供能源与原料，在此过程中边缘区将向城市输入大量的碳，在输入过程中同时产生大量碳排。边缘区动植物及土壤碳库为城市输入生产生活所需的含碳原料、食物、建材及燃料，在城市中以家具、图书、衣物、建筑物等形式成为城市稳定碳库[5]。在"城市 - 边缘区"物流人流交换的交通运输过程中，运输通过化石燃料燃烧为运输车辆提供能量，产生 CO_2 和 CH_4 等温室气体排入大气碳库中。人类在从事工业生产及农业生产等生产活动过程中，除了需要通过化石燃料燃烧提供能源进行生产外，农业生产中化肥使用和秸秆燃烧也会产生大量温室气体，将土地碳库与地表碳库中的碳释放到大气碳库中[6, 7]。同时，人类生产活动与生活消费产生的各种废弃物，一部分经过垃圾燃烧分解释放到大气碳库中，一部分通过水体碳沉淀和微生物漫长的分解过程重回到土地碳库中[8]。社会经济发展过程同时存在水平碳流通与垂直碳流通过程，流通的周期比较短且不稳定，碳流通以向大气碳库、城市碳库输入碳为主，碳循环过程主要受人类活动的干扰影响。

第二节　"城市–边缘区"系统碳循环特征

由于"城市-边缘区"系统物质要素构成同时包含自然要素与人工要素，同时存在生态自然过程及社会经济过程，并且同时受自然环境变化及人类行为活动干扰影响，"城市-边缘区"系统碳循环有别于自然生态系统碳循环和城市系统碳循环，表现出复杂性、复合性、开放性及空间差异性的特征：

（1）复杂性。区别于自然生态系统以垂直碳流通为主，"城市-边缘区"系统碳流通由于社会经济活动的参与，存在水平方向的物质流、人员流、信息流及能源流的交换，因此碳流通同时体现在水平与垂直两个维度，碳在物质构成要素间转换，使碳循环更具有复杂性。水平碳流通包括：自然系统通过原料、食物、燃料向城市系统输入碳的过程；城市内部含碳产品流通过程；城乡间含碳产品交换过程。垂直碳流通包括：自然系统自然过程对大气二氧化碳气体的吸收和排放；生产过程产生的碳排放；城市内部碳产品消费的碳排放过程；城市至边缘区物流、人流过程交通运输的碳排放过程。

（2）复合性。"城市-边缘区"系统物质构成包括自然要素与人工要素，由此决定了城市群碳循环包含了陆地植被系统碳循环、城市系统碳循环、水体系统碳循环、土壤系统碳循环等，各类循环相互交叉影响、融合，最终形成一个综合的、相互影响的碳循环过程。

（3）不稳定性。"城市-边缘区"系统碳循环过程中，自然生态过程主要承担了碳循环过程中的固碳环节，是大气碳库向土壤碳库输入碳的主要途径，具有脆弱易被干扰的特点，容易受人类活动干扰或自然环境变化影响出现失汇或增汇现象，扰动整个"城市-边缘区"系统碳循环的平衡状态；城市的运作需要边缘区输送食物、原料和能源，同时城市产生的碳排依靠边缘区的生态系统吸收，因此社会经济过程依赖自然生态过程来运作，健康稳定的自然系统过程有利于社会经济过程有条不紊地进行，反之则会造成经济社会过程的失衡。

（4）开放性。"城市-边缘区"系统碳循环是一个非封闭性的循环系统，随着城市开放程度越来越高，区域间经济合作更加密切，系统内部与外部环境存在物质与能量的交换，在更大的区域尺度下仍存在碳流通与碳交换。

（5）空间差异性。由于自然资源、外部环境、城市布局、城市规模、经济水平、生活习惯的差异，使不同区域内碳排放和碳储存有所不同，最终导致碳循环通量、速率以及强度都体现了空间的差异性。

第三节 "城市－边缘区"系统碳循环驱动机制

城市群低碳发展的有效途径是降低碳排放的速率及提高碳储存的速率，"城市－边缘区"系统碳循环过程速率由碳循环通量、速率、范围决定，通过研究影响"城市－边缘区"系统碳循环通量、速率、范围的关键性驱动机制，能够为有效调节"城市－边缘区"系统碳循环过程的碳排放量与吸收量、实现区域碳排与碳汇平衡找到有效切入点，对城市边缘区生态用地低碳发展控制对策及方法选择具有指导作用。通过上文所模拟的"城市－边缘区"系统碳循环模型可以初步判断，其碳循环通量、速率、范围主要受自然环境、生产活动、生活方式三个关键性驱动因素的影响：

（1）自然环境对"城市－边缘区"系统碳循环速率有直接驱动作用和间接驱动作用。在垂直碳流通过程中，占流通量最大比重的是生物新陈代谢过程与自然地理过程产生的碳交换，这些过程对外部环境具有较强的依赖性，因此自然环境的变化能够直接改变自然地理过程与生物新陈代谢过程的外部环境，直接影响到垂直碳流通的流通量与速率。当自然环境发生改变即环境气候、区域 CO_2 浓度、碳沉降、地形等发生变化时，植被光合作用、生物呼吸作用、水体碳溶解及碳沉淀等自然过程会或多或少的受到影响，继而造成大气 CO_2 吸收量与排放量产生变化，垂直碳流通速率与碳流通量，这是自然环境对"城市－边缘区"系统碳循环速率的直接驱动作用。而同时，城市的起源发展离不开自然地理条件的支持与制约，自然地理条件的差异决定了城市经济地理条件的不同，产生了职能不一、产业差异、文化不同、规模不等的千城百市。自然环境对"城市－边缘区"系统碳循环的间接影响则体现在能够影响城市职能、产业结构、空间发展及居民生活方式等方面的形成与选择，例如地形平坦、土地肥沃、温度湿度适宜的地区有利于城市建筑物、交通等基础设施的建设，利于农业及工业生产，区域经济合作更便利，因此城市的扩张速度相对来说就会比较快，运输距离大，物质流、能量流、人流量大且快，人民的消费水平和需求也会高，因此产生的碳排放量也随之不断攀升；而地形陡峭，气候寒冷、干旱、湿热的地区则因城市建设成本过高而发展缓慢，城市发展形态受地形和土地质量限制，大部分受到条件制约经济以农业为主，人口集聚度低，因此人类活动产生的碳排放量也相对较低；每个城市的功能布局和空间发展方向都要先考虑风向、地形；炎热和极寒地区的气候导致人们对空调和暖气的使用时间增加，进一步增加了碳排放量等。因此，与城市职能、产业选择、空间发展及居民生活方式密切相关的自然环境会间接影响碳循环的空间范围和强度，并对水平、垂直碳流通的通量、速率产生影响。

（2）生产活动对"城市-边缘区"垂直碳排放通量及水平碳通量、速度起主要驱动作用。在"城市-边缘区"范围发生的生产活动包括工业生产与农业生产，不论是工业生产还是农业生产都不可避免地产生碳排放，但是不同的生产方式下，碳排放量的大小也有所不同，例如以第二产业为主导的城市其碳排放量要高于以第一、第三产业为主导的城市；依赖化石能源进行的工业生产与农业生产，其碳排放量要远远高于利用可再生能源的生产活动；产业集聚度高、产业链效能高的区域能源利用更高效、交通运输距离相对短，在相同经济效益下，其因化石燃料产生的碳排放量要小于其他地区。因此生产活动类型和方式决定了化石燃料使用量、物流运输量、废弃物排放量的大小，从而决定城市碳排放通量及城市碳库的碳存量大小。同时，生产活动的空间布局差异决定了水平碳流通方向、距离与流量，关系到城市群系统碳循环空间范围、通量与速度，并形成城市碳库存量的空间差异，合理的生产活动空间布局有利于系统碳循环达到平衡稳定的状态。

（3）生活方式对"城市-边缘区"垂直通量及水平碳通量有间接驱动作用。城市是人类活动的载体，人类从事的所有生产活动、城市建设行为都是服务于人类的生活需求，人类生活方式通过改变城市功能和生产需求来改变整个城市群系统碳循环过程。人类生活方式的改变使消费结构发生了变化，城市功能也随之改变，回顾社会发展历程，科技的发展缩短了人类的工作时间，人类可以自由支配的时间变多，生活方式也从以前追求"生存"向追求"生活"转变，对休闲、娱乐、养老的消费需求比重上升，要求也越来越高，使服务业迅猛发展起来，如广西巴马县迎着养老休闲的生活潮流从一个"老少边穷"的地区转变成为一个长寿养生国际旅游区，其产业结构与城市功能都发生了巨大的改变；人类对休闲娱乐需求的不断提高，城市绿地、郊野公园、湿地公园等服务于人类日常休闲活动的功能场所也逐渐变多，对交通的使用时间也逐渐变多。这些由生活方式转变引起的城市功能的改变同样影响了城市产业、能源选择、交通运输时间，改变城市碳排放通量及水平碳通量。同时人类生活方式转变会改变生产需求类型和数量，一方面影响了含碳原料、燃料及食物的需求量，使边缘区向城市系统碳输入的通量和速度发生改变，另一方面影响了化石燃料的使用量，改变了生产活动和交通活动产生的碳排放通量。

第四节　城市边缘区碳排碳汇用地优化的价值导向

城市边缘区碳排碳汇用地优化的本质是要达到城乡土地时间上和空间上碳循环的动态平衡。一般来说，对碳循环平衡的考量建立在城市建成区碳排用地碳排放的减少量和城市边缘区碳汇用地碳汇集的增量平衡上。但在短期内，城乡间，尤其是大城市、特大城市无法实现碳平衡；因此，要从时间维度上，长远考量城乡之间的碳循环平衡。而中小城市，由于城市边缘区面积较广，城市建成区面积较小，因此长期能够维持城乡间碳汇量大于碳排量的状态。针对不同规模城市的情况，城市边缘区碳排碳汇用地优化的价值导向朝着低碳、生态、安全三个方向进行，实现不同规模城市之间的平衡。

一、低碳导向

通过实现城乡间碳排碳汇用地碳循环的平衡，以达到城市的低碳发展，是促使城市调整发展模式、建立低碳城市的有效方法。当城市的建成区产生的碳排量远远大于城市边缘区产生的碳汇量时，城乡间碳排碳汇平衡量为负值，城市的生态环境受到二氧化碳迅速增加的过度威胁，城市需要立即转型向低碳优化发展。这样的情况在大城市、特大城市中普遍存在。这类城市普遍发展较成熟，城市的经济发展转向重"质"而非"量"，城市转向精明发展，实现城市发展的可持续性。实现城乡碳排碳汇用地低碳优化的有效途径，一是减排，即减少碳排用地的碳排量；二是增汇，即增加城市边缘区碳汇用地的有效碳汇量，从时间维度上实现城市低碳的长远发展。

二、生态导向

景观生态学中，城市边缘区的"斑、廊、基"是维持城乡生物基本活动、保持城乡能量流、物质流可持续流动的最基础介质，是城市中心区赖以生存的生态基底。保持城市边缘区碳汇用地的生态持续性，维持碳汇用地的生态活性，是支撑城市中心区健康运转的基础。因此城市建设用地在进行规划时，必须首先考虑保护边缘区的生态用地，尽可能的不破坏、不侵占大面积的林地、园地等生态"基质"；不毁坏、少改造河流及其周边原有环境等生态"廊道"；同时通过合理规划、控制和引导"斑块状"的生态用地，优化原有的生态用地结构，提升碳汇效益。

三、安全导向

城市的安全建立在边缘区生态环境的稳定上。生态安全即城市对生态服务的索取及对生态环境造成的负担不超过边缘区生态空间承载力。通过调整生产用地的结构，作为城市中心建成区与边缘区生态用地中间的控制隔离带，利用城市近郊的生产用地形成中心建设区的增长边界，保护边缘区生产用地及生态用地不受到建设用地的过度侵蚀。

四、高效导向

城市边缘区中碳排与碳汇用地之间存在密切的物质流、能量流、信息流、人口流的交换，高效的交换能够降低城市生态和经济系统运作的成本，使整个城市的发展更加快速而健康。这些交换以空间为载体，交换的距离、速度、通量受碳排和碳汇用地空间排布的影响，因此城市边缘区碳排碳汇用地应当考虑到物质流、能量流、信息流、人口流的高效流动，统筹考虑各类碳排碳汇用地的功能联系，合理排布，使城市的生态过程和社会过程运作更便捷、快速，达到生态保护、低碳发展与社会进步协同发展。

第五节　城市边缘区空间格局低碳优化途径

增汇、减排、平衡是城市边缘区空间格局低碳优化的三种途径，对应到碳排碳汇用地上，即首先应提升生态用地的碳汇能力；其次降低建设用地的碳排放量，以及减少生产用地农业产品空间转移的碳排放量；此外，通过构建生态用地及生产用地的空间格局，来限定建设用地的规模、形态与布局，建立城市—边缘区空间碳循环平衡的桥梁。

一、增汇：提高生态用地的碳汇效益

生态用地是城市边缘区最主要的碳汇用地，具有最强的固碳能力，城市边缘区低碳发展的增汇手段以提高生态用地的碳汇效益为主要切入点，通俗来说，不仅要提高生态用地的"量"，同时也要提高生态用地的"质"。生态用地参与的碳循环过程主要为植物生态过程、微生物分解过程与水循环过程等自然生态过程，除了受外部自然环境的影响外，还容易受生产和生活等人类活动的干扰，除了可以通过生物学与管理经营学等学科手段达到提高生态用地"质"和"量"以外，通过充分考虑自然环境和生产活动、生活方式，合理规划生态用地空间布局，促进低碳农业生产方式发展、引导人们向低碳生活方式转变，也能达到提升生态用地碳汇效益的目的。用地空间布置的规划手段总结来说有三个方面：一是控制用地指标，即对某种用地的量进行上限或下限的控制；二是划定用地范围界限，即通过对用地范围进行界定，控制和引导各类用地的排布格局；三是规划用地的各类功能分区布局，即通过综合因素的考虑，按照功能对各类要素进行分区布局，使各类要素间的联系更合理高效。因此，从规划的视角出发，城市边缘区生态用地低碳化空间布局规划途径可以通过合理分配生态用地面积、有效的空间布局模式、合理调整生态用地功能三个方面实现。

二、减排：降低城市–边缘区物质能量交换的空间转移碳排放

目前以工业生产和人类生活中化石燃料燃烧产生的温室气体是主要的碳排放源，

城市边缘区范围内产生碳排放主要是出现在边缘区农业及工业生产，以及边缘区与城市间进行物流、能量流、信息流、生态流交换的交通运输过程中。农业及工业生产减排手段主要通过提高能效、调整能源结构以及改善生产管理等非规划手段，规划手段下的边缘区空间格局的优化应考虑如何减少城市与边缘区间物质能量交换的空间转移碳排放，调整边缘区生产用地的布局与运输线路，安排空间转移碳排放量高的农业产品更靠近中心城，缩短产品的运输距离与成本，达到减少交通运输产生的碳排放的目的。

三、平衡：实现城市－边缘区碳循环系统的平衡健康

随着我国城镇化进程的加快，城市的用地界线不断向外蔓延扩张，生产用地在城镇化进程中转变成为了建设用地，同时为了保证粮食安全，被侵占的生产用地大多通过围湖造田、伐林垦地来保证生产用地面积，剧烈的土地利用变化成为仅次于化石能源燃烧的第二大温室气体排放源[1]。城乡土地的可持续性低碳发展，应当建立在建设用地与生产用地、生态用地的相互平衡上。城乡空间格局应当首先确立生态用地空间的范围，再考虑平衡生产用地和建设用地的动态平衡发展。建设用地空间结构与边缘区生产用地与生态用地的空间结构密切关联，三种用地空间格局的形成是相互影响促成的，城市边界的无序蔓延除了使生产用地与生态用地的面积减少外，更严重的是破坏了陆地生态系统的结构，降低了边缘区生产用地和生态用地的生产与生态效益，不利于生态系统碳汇能力的发挥。边缘区是土地利用变化最剧烈的地带，边缘区低碳发展需要平衡三种用地的空间分布格局，对城市边界进行控制，在现状发展的基础上，结合边缘区生态用地与生产用地的布局特点，充分考虑人类的生产活动与生活方式，合理制定城市规模、未来发展方向与空间形态。同时，生产用地作为建设用地扩张的主要侵占用地，与建设用地之间的联系更为密切，同时也是建设用地至生态用地间的过渡用地，应当成为架构生态用地、建设用地和生产用地之间的桥梁，建立生态安全、生态健康及系统平衡的最优低碳格局。

参考文献

[1] 赵荣钦，黄贤金. 城市系统碳循环：特征、机理与理论框架 [J]. 生态学报，2013，02：358-366.

[2] 毛留喜，孙艳玲，延晓冬. 陆地生态系统碳循环模型研究概述 [J]. 应用生态学报，2006，11：2189-2195.

[3] 张发兵，胡维平，胡雄星，李芳，刘登国，刘必寅，夏凡. 太湖湖泊水体碳循环模型研究 [J]. 水科学进展，2008，02：171-178.

[4] 潘根兴，曹建华，何师意，陶于祥，孙玉华，滕永忠. 土壤碳作为湿润亚热带表层岩溶作用的动力机

制：系统碳库及碳转移特征 [J]. 南京农业大学学报，1999，03：49-52.

[5] 李颖，黄贤金，甄峰. 江苏省区域不同土地利用方式的碳排放效应分析 [J]. 农业工程学报，2008，S2：102-107.

[6] 李波，张俊飚，李海鹏. 中国农业碳排放与经济发展的实证研究 [J]. 干旱区资源与环境，2011，12：

8-13.

[7] 张广胜，王珊珊. 中国农业碳排放的结构、效率及其决定机制 [J]. 农业经济问题，2014，07：18-26+110.

[8] 徐梦洁，张俊凤，陈黎，张笑寒. 长三角城市群空间扩张的模式、类型与效益 [J]. 城市问题，2011，09：14-20.

第四章

城市边缘区碳排碳汇
用地空间演变实证分析

城市边缘区建设用地扩展的过程当中，直接影响了周边的生态用地和生产用地，并深刻作用于整个碳排碳汇用地体系的结构与碳循环。为了能够更明确地掌握到快速城镇化过程中城市边缘区碳排碳汇用地演变的过程，以及城市边缘区扩张过程的不同阶段不同规模的异同，选取了上海、南宁、来宾三个不同规模的城市作为研究对象，并选择了1990～2014年作为时间范围。利用GIS技术获取土地利用覆盖分类的图像和数据信息，创新性引入碳排碳汇用地分类方法，为定量定性分析城市边缘区生态空间提供依据。

专栏 4-1 数据获得与处理

遥感解译获取碳排碳汇用地分布情况及统计数据主要分以下步骤进行：预处理、监督分类及分类后处理。遥感影像选取美国 NASA 陆地卫星 Landsat 免费遥感影像，空间分辨率为 30m。其中，2014 年上海、南宁、来宾三城市遥感图像来自于最新的 Landsat8 OLI 数据；受限于可获得遥感片，上海 2006 年遥感影像选取了 Landsat7 ETM+ 数据，其余年份数据来源于 Landsat5 TM。

（1）预处理：预处理分为辐射定标、几何校正、大气校正、镶嵌、裁剪等步骤，以此增强遥感数据表达能力，使遥感影像更加清晰。在解译过程中，为保持遥感片选取感兴趣区的稳定性，采取单张遥感片解译方法，将镶嵌及裁剪放在地物分类之后。

（2）监督分类：预处理单张遥感片后，选取特征明显的感兴趣区（ROI）作为训练样本，通过人工辨别选取相对应土地类地物，建立目视解译标志。利用 Landsat 不同波段组合方法，让地物更清晰地显现出来。

（3）分类后处理：监督分类完成后对图像进行分类后处理，有利于进一步提高影像分类质量。主要进行合并小斑块、调整显色等。最后将解译好的几张遥感片进行镶嵌、裁剪，拼合得到该城市的遥感解译图。

遥感影像处理及土地利用分类流程见图 4-1，解译后得到的三市四时间段市辖区碳排碳汇用地面积变化及年均同比增长率统计具体情况见表 4-1 与表 4-2。

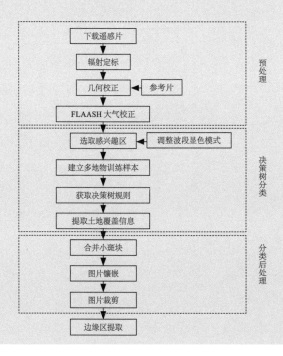

图 4-1 遥感影像处理及土地利用分类流程图

三城市四时间段市辖区碳排碳汇用地面积统计表（单位：hm²）

表 4-1

用地类型		1990 年			2000 年			2006 年			2014 年		
年份		来宾	南宁	上海	来宾	南宁	上海	来宾	南宁	上海	来宾	南宁	上海
碳排用地		12362.26	24750.01	39381.80	12456.25	35606.02	94191.84	20407.20	38579.02	167047.20	23215.62	61455.03	262488.37
其中	建设用地	12362.26	24750.01	39381.80	12456.25	35606.02	94191.84	20407.20	38579.02	167047.20	23215.62	61455.03	262488.37
碳汇用地		434079.86	621464.33	619176.65	433985.87	610608.32	564336.61	426034.92	154510.08	499511.25	423226.50	584759.31	396070.08
其中	耕地	96907.23	158387.08	421411.55	116119.33	145592.08	418215.94	79737.63	154510.08	313115.86	70662.40	109469.06	227112.62
	园地	137377.70	168210.09	102735.12	125003.16	213121.11	79183.13	85244.97	194510.10	115272.51	122667.27	148823.08	85520.4
	林地	184513.25	276386.15	15673.69	184585.44	222945.12	25028.88	240716.34	221070.12	31786.87	219993.39	295384.16	48345.21
	水域	8868.41	17641.01	35825.58	7121.23	27658.01	34620.42	8933.59	33474.02	26126.3	9793.23	28498.01	18486.5
	未利用地	6413.27	840.00	43530.71	1156.71	1292.00	7318.24	11402.39	4071.00	5209.71	110.21	2585.00	16605.35
合计		446442.12	646214.34	658558.45	446442.12	646214.34	658558.45	446442.12	646214.34	658558.45	446442.12	646214.34	658558.45

三城市市辖区碳排碳汇用地年均同比增长率比较表

表 4-2

用地类型		1990 ~ 2000 年			2000 ~ 2006 年			2006 ~ 2014 年		
年份		来宾	南宁	上海	来宾	南宁	上海	来宾	南宁	上海
碳排用地		0.08%	4.39%	13.92%	10.64%	1.39%	12.89%	1.72%	7.41%	7.14%
碳汇用地	建设用地	0.00%	-0.17%	-0.89%	-0.31%	-12.45%	-1.91%	-0.08%	34.81%	-2.59%
其中	耕地	1.98%	-0.81%	-0.08%	-5.22%	1.02%	-4.19%	-1.42%	-3.64%	-3.43%
	园地	-0.90%	2.67%	-2.29%	-5.30%	-1.46%	7.60%	5.49%	-2.94%	-3.23%
	林地	0.00%	-1.93%	5.97%	5.07%	-0.14%	4.50%	-1.08%	4.20%	6.51%
	水域	-1.97%	5.68%	-0.34%	4.24%	3.50%	-4.09%	1.20%	-1.86%	-3.66%
	未利用地	-8.20%	5.38%	-8.32%	147.63%	35.85%	-4.80%	-12.38%	-4.56%	27.34%
总计		0.00%	0.00%	0.00%	0.00%	0.00%	0.00%	0.00%	0.00%	0.00%

第一节　上海市碳排碳汇用地时空演替

　　上海，行政区域土地面积为 6340km²，市辖区土地面积为 5155km²，市辖区共分为含 19 个区划，包括黄浦区、浦东新区、徐汇区、长宁区、静安区、普陀区、闸北区、虹口区、杨浦区、卢湾区 10 个中心城区，闵行区、宝山区、嘉定区、金山区、松江区、青浦区、奉贤区、南汇区 8 个郊区，以及崇明县。上海是长江三角洲冲积平原的一部分，除西南部有少数小山丘外，全境地势平坦，水网密布。至 2015 年底，上海市市辖区人口约为 1371 万人，市辖区建成区面积超 1600km²，城镇化率高达 89.12%，是全国超大城市的典型代表。

　　如图 4-2 和图 4-3 所示，上海市边缘区碳排碳汇用地空间结构的改变中，生态用地由于在整体中占比太小，空间结构的改变并不明显；建设用地的不断扩张表现显著，同时也影响到了生产用地结构的转变。

　　1990 ~ 2000 年，上海处于快速扩张阶段。在 1990 年时，上海城市呈现出发散和破碎的形态，城市缺乏到位统一的规划管理，城市的蔓延和扩散集中在黄浦江西岸，集中在黄浦区、杨浦区、虹口区和静安区。边缘区以生产用地为主，耕地与园地形成明显的带状结构。1990 ~ 2000 年，由于政府主导开发浦东新区，中心城以轮盘型向四周发展，向东跨越黄浦江，并在西北、西南边呈卫星型扩张。由于产业调整，工业搬迁至郊区，郊区工业园区的建成使城市边缘区向着中心城区周围闵行区、宝山区、嘉定区、浦东新区呈轮盘型扩张，在安亭镇、松江区形成卫星型扩张，建设用地布局较为疏散，镶嵌于连片耕地之间。中心城的扩张导致生产用地空间结构上出现了较大

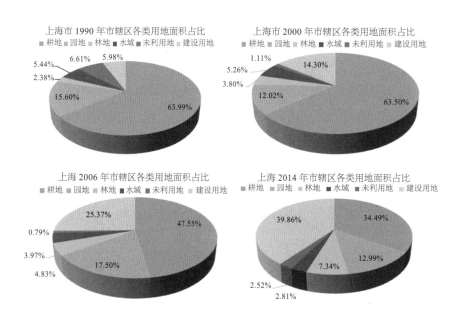

图 4-2　上海市辖区四时间段碳排碳汇用地占比饼形图

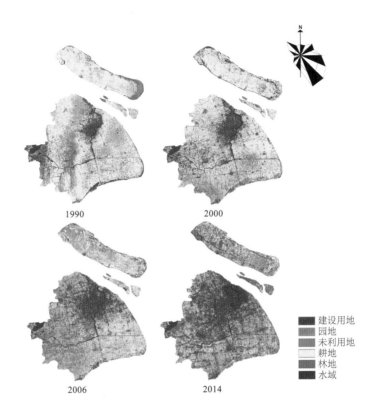

1990　　　　　　　　2000

　建设用地
　园地
　未利用地
　耕地
　林地
　水域

2006　　　　　　　　2014

图 4-3　1990 ～ 2014
年上海市碳排碳汇用
地空间分布图

程度的改变，西北侧的大片园地明显消失，被置换为耕地与建设用地；边缘区西南角出现了连片的园地，但分布较为零散。

　　2000 ～ 2006 年，上海进入高速发展阶段。主要表现为中心城建设用地的快速扩张发展。进入 21 世纪以来，上海经济与人口城镇化发展迈入一个新的阶段，城市化进程向着郊区化进一步发展。这个时期，经济的快速发展吸引着大量人口涌入上海，人口增长的外溢作用使得城市向郊区扩展以分散中心城压力。此外，由于交通运输的牵引力，建设用地沿交通对飞地边缘区与中心城区外围边缘区间的用地进行连接填充，城市近郊大量耕地集中成片地转变为建设用地，生产用地结构的分隔特征变得更为明显。近郊的园地几近消失，但在西南角整合重组、保有性的增加，呈现东部为耕地，西部为园地的结构。

　　2006 ～ 2014 年，上海以进入稳定发展的阶段，城市的建设进入控制力强的统一规划管理当中，城市的用地大多以整块地开发的方式进行建设，中心地区的边缘变得平整方正。在此阶段，城市的建设进入了一个控制力强的统一规划管理的阶段当中，城市规划成为主导上海城市边缘区碳排碳汇用地空间结构的驱动力。《上海市土地利用总体规划（2006-2020 年）》采取了集约利用土地的措施加强控制郊区土地利用粗放的现象：农村居民点要向城镇集中、工业要工业园区集中、农田要向规模经营来集中，以此来增加有效耕地面积。但是，由于这个阶段城镇化的覆盖面更广，城乡体系结构已初具模型，建设用地的面积也扩充至 262488.37hm²。建设用地直线上升的同时，生产用地的比率也在直线下降。中心城附近的耕地集中地被转化为建设用地，园地面积锐减，原本形成一定规模的土地重新变得零散而破碎，只有崇明岛还能见到完整的具一定规模的园地。生产用地的分隔性结构被打破，碳排用地穿插在耕地当中生长。

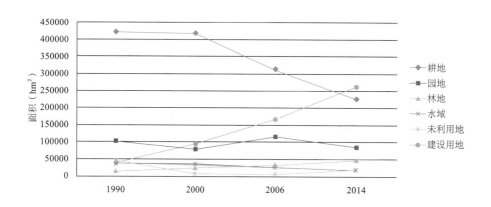

图 4-4　上海市辖区四时间段碳排碳汇用地变化趋势图

从图 4-4 可以看出，上海市由于地势平坦，其生产用地空间演变的主要驱动因子来自城市发展增长所作的规划调控，边缘区生产用地的面积与碳排用地的面积呈负相关的关系。碳排用地呈直线上升趋势的同时，耕地直线下降，园地出现先降后升再降的不稳定趋势，但总体的面积仍然是减少的。在碳汇用地的比率当中，林地虽然一直有所上升，但分布零散、面积较小。

第二节　南宁市碳排碳汇用地时空演替

南宁位于广西中部偏南，行政区域土地面积为 22244km²，市辖区土地面积为 6569km²，是广西壮族自治区首府及广西政治、经济、文化中心，市辖区含兴宁区、西乡塘区、青秀区、良庆区、江南区、邕宁区以及 2015 年新划定的武鸣区。由于时限，研究范围仅在前六个区内。南宁是以邕江河谷为中心的盆地地带，市辖区地貌以盆地和丘陵为主，略有些台地、低山及石山；园地、林地的比重相对较大，森林覆盖率比较高。至 2015 年底，南宁市辖区人口规模约为 284 万，市辖区建成区面积为 285km²，城镇化率约为 59.31%，是具有强劲后续发展力的中型城市范例。

如图 4-5 和图 4-6 所示，南宁市边缘区碳排碳汇用地的空间结构中，生态用地占据了最主要的部分；而建设用地在整体所占据的比例较小，因此对用地整体的空间格

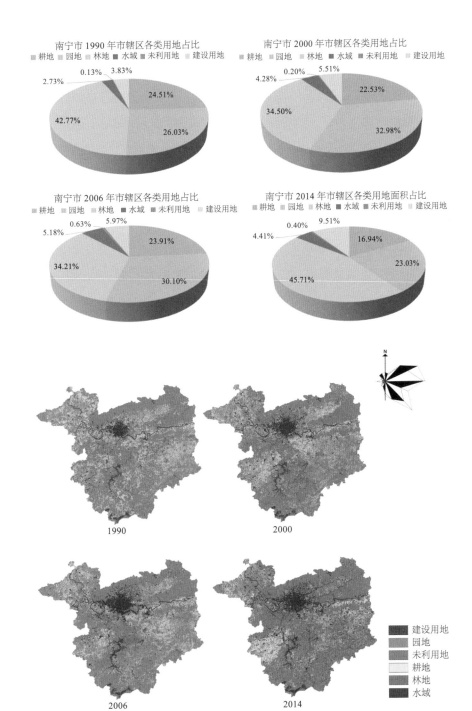

图 4-5 南宁市辖区四时间段碳排碳汇用地占比饼形图

图 4-6 1990 ~ 2014 年南宁市碳排碳汇用地空间分布图

局的影响是较小的；边缘区用地空间格局的变化主要来自于生态用地与生产用地之间的利益博弈。

1990 ~ 2000 年为南宁的缓慢扩张阶段。1990 年时，南宁市的中心城主要位于邕江北岸，中心建设用地位于中部偏北方向，边缘区西北部则是园地与耕地混合的地带，西南部主要为园地，而耕地掺杂在边缘区东部丘陵的缝隙之中。林地分布在边缘区的北部及东南部，边缘区生产用地呈混杂分布的结构。

到 2000 年，城市核心区已有向东扩张的趋势，城市内边缘区沿南湖东岸发展。一方面，核心区向西北拓展，建设高新技术开发区；另一方面，由于江南区经济开发区的成立，核心区跨过邕江向南发展。由于城市拓展，人口对农业产品的消费需求上升，城市边缘区的生产用地也明显增多，园地在边缘区东部出现连片式的增长，耕地则部分被分散转化为园地。耕地的下降主要是因为园地的替代性增加以及碳排用地的扩张；而园地的增长主要是因为耕地及林地的转化。

2000 ~ 2006 年，南宁市进入了加速扩张的阶段：一面向南，成立大沙田经济开发区，发展江南工业区；一面向西，成立相思湖新区；同时主导向东，成立青秀区、仙湖经济开发区。加速发展的南宁市吸引了大量外来人口涌入城市中心区，不断加大的人口需求使边缘区生产用地结构产生了调整：耕地需求增大，边缘区东部原本的园地转化为耕地，而西南部和西北部的耕地也明显增多。园地在边缘区南端相应扩充，与此同时，林地也相应减少。

自 2006 年开始，南宁市迈入了另一个高速扩张的阶段，2006 年自治区党委、政府做出建设南宁市五象新区的战略决策后，南宁市开始了主要向东南方向发展的步伐。与此同时，良庆经济开发区、中国—东盟国际物流基地、南宁市保税物流中心相继成立，加紧了核心区东南面的扩充。建设用地以年均 7.41% 的增长率扩充，增加了边缘区 9.51% 的面积，而此时生产用地却在大量流失。用地紧缩的同时耕地结构也被迫变得更为紧凑；园地则集中往西北部发展。但这一阶段中，碳汇用地的结构发生了改变，边缘区南部的林地面积有所上升。

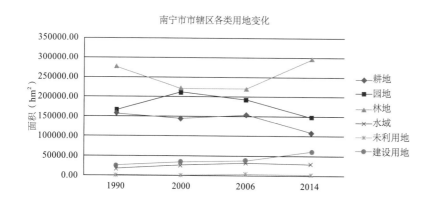

图 4-7　南宁市辖区四时间段碳排碳汇用地变化趋势图

总体上，南宁市边缘区耕地与建设用地呈负相关关系，而园地则与林地呈明显负相关关系（见图 4-7）。城市中心城扩张对生产用地的影响仅限在内边缘区，生产用地的变化主要在于内部结构的相互转化，及与外部对林地的交换上。在碳排用地上涨的过程中，耕地明显下降；而园地则与林地呈较为明显的负相关，随林地的升降表现出相反的趋势。因为地形的限制，城镇对边缘区碳汇用地整体的影响力较小，因此碳排用地的结构没有很大的改变，大多是生产用地自身空间结构的调整。

第三节　来宾市碳排碳汇用地时空演替

来宾位于广西壮族自治区中部，行政区域土地面积为 $13411km^2$，市辖区土地面积为 $4363km^2$，2002 年经国务院批准设为地级市。来宾市仅有兴宾区一个城区，从 1990～2014 年，来宾市主城区建成区由 $8km^2$ 扩展到近 $40km^2$。市辖区内山体纵横，森林覆盖率高，红水河穿城而过。至 2015 年底，来宾市辖区人口约 113 万人，市辖区建成区面积为 $43km^2$，城镇化率 40.7%，代表了 2000 年后进入快速发展的新兴小型城市。

如图 4-8 和图 4-9 所示，1990～2000 年之间，来宾仍为柳州地区下属的来宾县，此时为来宾县缓慢发展的阶段。在此阶段内，城市空间结构变化不大，城市形态没有太大改变。1990 年，来宾市核心区即主城区局限在红水河东北岸，形态较为规则及完整，碳汇用地内林地占了最主要的部分，生产用地以楔形插入进林地山体的缝隙中生长。除城市核心区西北侧有一小片耕地外，园地与耕地在边缘区内呈现东北—西南的斜向分隔形式，西部多为园地，耕地集中在边缘区东南部的一片地区。

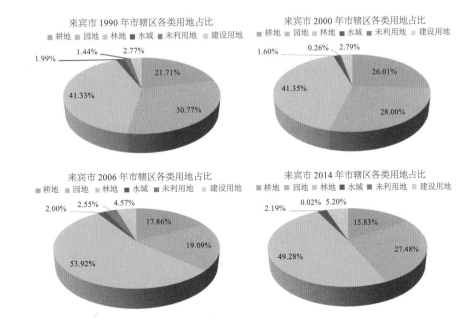

图 4-8　来宾市辖区四时间段碳排碳汇用地占比饼形图

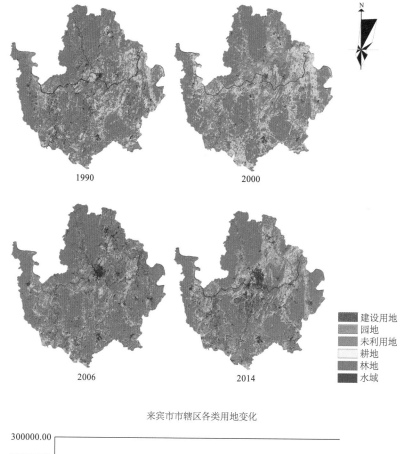

图 4-9 1990 ~ 2014
年来宾市碳排碳汇用
地空间分布图

来宾市市辖区各类用地变化

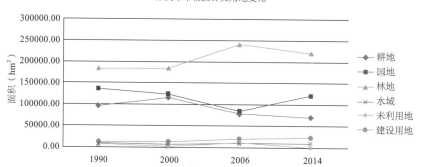

图 4-10 来宾市辖区
四时间段碳排碳汇用
地变化趋势图

　　至 2000 年，核心区主要以组团型向南扩张，核心区已扩展到红水河西南岸，其
形态仍较为规整，碳排用地亦主要集中在红水河北岸，以蔓延式缓慢向西北扩张，也
逐渐以组团式越过红水河向南发展。碳汇用地中，林地仍为最主要的部分。生产用地
自身格局内发生了较大变化，依借地形，耕地明显以指状形式向西扩充，园地减少。
此时边缘区内园地的减少主要是由于人口增长导致的耕地替代性增加，为满足城市周
边其他地区人口的粮食需求，生产用地被进一步人工开发。

　　2000 ~ 2006 年，来宾进行了重大的调整，于 2002 年成立了来宾市。这期间，
来宾进入了较快发展的阶段，城市边缘区进一步扩张，城市形态稍显破碎、不规则。

城市核心区进一步以连片型向西北、向南扩张，内边缘区在西南角因工业区的成立而出现了飞地。碳汇用地中，位于边缘区西南面的园地被整体连片地转化为了林地，其增长的主要原因是工业发展对经济林的需要，原本种植茶树和果树的山丘被大面积的更换种植了速生桉，但同时对原生树种的破坏并没有给来宾市边缘区带来相应的碳汇能力的提升。此时生产用地空间格局发生了较大改变，仅主要分布于边缘区的东北侧，耕地与园地相混合。

2006～2013 年，来宾市已发展得较为完善，城市形态也趋于完整。城市核心区以填充型及连片型的扩张方式发展，形态变得较为规则与稳定，并呈现出沿高速路南北向发展的态势。由于市政府在核心区北部设立，核心区在北部的变化明显。受限于地形，内边缘区一向西北侧的园地扩张，此外向南面的耕地扩张，生产用地转化为碳排用地的面积不断加大。碳排用地的扩张对林地造成了直接影响，边缘区近郊的林地基本消失。同时，由于城市拓展及人口需求上升需要，边缘区生产用地中园地以指状式增加。而耕地则因为城市的拓展面积逐步缩减。

因为在来宾市市辖区内，建设用地的面积只占很小一部分，因此在图 4-10 中可以看到建设用地的比例很低，而林地、园地及耕地的比例却很高。这也说明了一点，小城市的城镇发育程度远远不及大城市，由于地形多为山地，林地的比例在边缘区中甚至占到更高。但是，建设用地上升的同时也可以发现耕地显著下降；而从图 4-9 中可以发现 2006～2014 年林地减少的地点被园地所替代。内边缘区呈近郊耕地，外圈园地的结构，外边缘区整体生产用地呈不规则的散点布局，生产用地分布逐年变化较大。但生产用地结构中历年都以园地为主，表现出小城市良好的生态碳汇功能。

第四节　城市边缘区碳排碳汇用地空间扩张界线模式及阶段特征

研究提取出了与城市扩张紧密相关的内边缘区，以城市边缘区扩张的模式、动力机制及特征，分析城市扩张过程中对周边碳排碳汇用地造成的直接影响。内边缘区的提取借助了 ArcGIS 平台，对完成了遥感解译的图像进行人工目视判读。借助城市统计年鉴与卫星图，首先识别出 2014 年城市核心区与内边缘区，再以 2014 年的核心区与内边缘区为基准，相继提取出各期的城市核心区及边缘区信息。利用边界的矢量信息，在 ENVI 10.1 平台上直接获取不同时间段城市核心区及边缘区的碳排碳汇用地的面积信息。

边缘区扩张模式主要有六种类型，蔓延型、指状型、独立型、连片型、轮盘型和填充型。其中，蔓延型和指状型主要发生在边缘区扩张的初期，独立型和连片型主要发生在中后期及后期，轮盘型主要发生在后期，而填充型可能发生在任何时期。来宾、南宁、上海三个城市由于存在发展的时间差，在 1990 ～ 2000 年、2000 ～ 2006 年、2006 ～ 2014 年各自处于不同的基本阶段（表 4-3）。根据城市边缘区碳排碳汇用扩张的前四种基本阶段，比较研究三种典型城市在这四个基本阶段所采取的不同扩张模式，深入探讨其对城市碳排碳汇用地的不同深刻长远影响。来宾、南宁、上海三市 1990 年、2000 年、2006 年及 2014 年边缘区空间形态见图 4-11，边缘区碳排碳汇分布图见图 4-12 ～图 4-14，三市四时间段内边缘区碳排碳汇用地面积变化及年均同比增长率统计具体情况见表 4-4 与表 4-5。各城市内边缘区碳排碳汇用地占比饼形图及变化趋势图见图 4-15 ～图 4-20。

1990 年 ~ 2014 年三城市边缘区碳排碳汇用地扩张模式比较表　　　　　　　　　　　　表 4-3

模式类型 发展阶段	来宾		南宁		上海	
	模式	时间段	模式	时间段	模式	时间段
起步期	蔓延型	1990 ～ 2000	蔓延型、圈层型	1990 以前	指状型	1990 以前
初期	连片型	2000 ～ 2006	圈层型为主，指状型、独立型为辅	1990 ～ 2000	蔓延型	1990 以前
中期	连片型、指状型	2006 ～ 2014	指状型、连片型	2000 ～ 2006	圈层型、连片型	1990 ～ 2000
中后期	—	—	连片型	2006 ～ 2014	指状型为主，蔓延型为辅	2000 ～ 2006
后期	—	—	—	—	圈层型、连片型	2006 ～ 2014

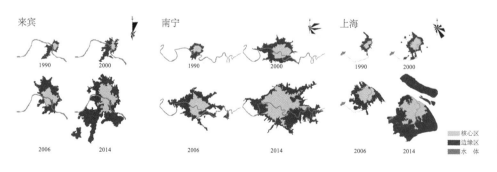

图 4-11　三城市四时间段边缘区空间形态对比图

一、离心发散阶段

在城市边缘区碳排碳汇用地扩张的起步及初期阶段，城市都表现出较为明显的发散模式变化过程。小城市来宾起步较晚，1990 ～ 2000 年城市仍处在萌芽阶段；而到 2000 ～ 2006 年城市才开始正式发展。1990 ～ 2000 年来宾市边缘区碳排碳汇用地主要以蔓延型缓慢扩张。碳排用地的转化主要来源于未利用地与林地。2000 ～ 2006 年来宾步入了较快发展阶段，边缘区碳排碳汇用地主要以连片型呈组团状向北扩张，碳排用地的转化主要来自于园地及耕地，林地相应有增加（见图4-12）。南宁市边缘区碳排碳汇用地扩张离心发散阶段在1990～2000年。1990年，边缘区仍由于蔓延型的扩张模式而显得破碎不规整，到2000年则显现出轮盘型扩张的圈层形状出来，与大城市显现出边缘区重扩张不重转化的特点（见图4-13）。大城市上海的时间节点则在1990年，城市边缘区碳排碳汇用地已度过起步期与初期阶段，扩展模式为指状延

图 4-12 1990～2014 年四个时间段来宾市城市边缘区碳排碳汇用地分布图

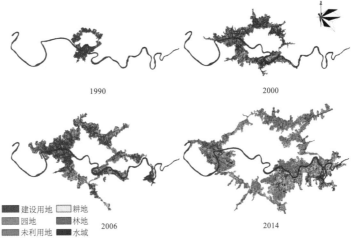

图 4-13 1990～2014 年四个时间段南宁市城市边缘区碳排碳汇用地分布图

三城市四时间段内边缘区碳排碳汇用地面积统计表（单位：hm²）　　表 4-4

用地类型		1990 年			2000 年			2006 年			2014 年		
年份		来宾	南宁	上海	来宾	南宁	上海	来宾	南宁	上海	来宾	南宁	上海
碳排用地		562.87	2494.80	12375.99	812.59	6724.43	26727.03	1661.23	10986.27	61473.13	6696.71	9115.92	139053.57
其中	建设用地	562.87	2494.80	12375.99	812.59	6724.43	26727.03	1661.23	10986.27	61473.13	6696.71	9115.92	139053.57
碳汇用地		256.06	681.12	20748.24	427.51	5485.60	64912.46	888.05	19299.47	65062.80	2286.99	24496.02	354501.28
其中	耕地	40.58	130.59	8866.17	171.46	1378.00	26934.57	160.99	3042.22	54825.48	1262.62	6544.35	207373.64
	园地	81.55	245.61	131.22	178.21	2197.05	34415.42	106.43	1999.71	2403.72	409.41	8214.66	80446.85
	林地	24.21	10.62	272.43	11.33	215.84	1366.65	152.05	181.70	5054.76	191.46	6010.20	37885.62
	水域	70.66	291.42	2039.49	66.50	1573.98	752.4	208.53	2074.34	1995.12	409.41	2490.75	15084.91
	未利用地	39.07	2.88	9438.93	0.00	120.73	1443.42	260.04	1015.23	783.72	14.08	1236.06	13710.26
合计		818.93	3175.92	33124.23	1240.09	12210.03	91639.49	2549.28	8313.20	126535.93	8983.70	33611.94	493554.85

三城市内边缘区碳排碳汇用地年均同比增长率比较表　　表 4-5

用地类型		1990 ~ 2000 年			2000 ~ 2006 年			2006 ~ 2014 年		
年份		来宾	南宁	上海	来宾	南宁	上海	来宾	南宁	上海
碳排用地		4.44%	16.95%	11.60%	17.41%	10.56%	21.67%	37.89%	-1.70%	12.62%
碳汇用地		6.70%	70.54%	21.29%	17.95%	41.97%	0.04%	19.69%	2.69%	44.49%
其中	耕地	32.25%	95.52%	20.38%	-1.02%	20.13%	17.26%	85.54%	11.51%	27.82%
	园地	11.85%	79.45%	2612.73%	-6.71%	-1.50%	-15.50%	35.58%	31.08%	324.68%
	林地	-5.32%	193.24%	40.17%	207.00%	-2.64%	44.98%	3.24%	320.78%	64.95%
	水域	-0.59%	44.01%	-6.31%	35.60%	5.30%	27.53%	12.04%	2.01%	65.61%
	未利用地	-10.00%	409.20%	-8.47%	0.00	123.48%	-7.62%	-11.82%	2.18%	164.94%
总计		5.14%	28.45%	17.67%	10.56%	-3.19%	3.81%	25.24%	30.43%	29.01%

展型与蔓延外溢型（见图4-14）。在此时，碳汇用地约为碳排用地的2倍，碳汇用地也主要由耕地和未利用地构成，城市边缘区的汇碳状况良好。

图 4-14 1990 ~ 2014 年四个时间段上海市城市边缘区碳排碳汇用地分布图

1990

2000

2006

2014

建设用地　耕地
园地　林地
未利用地　水域

在边缘区碳排碳汇用地的离心发散阶段当中，三市都曾表现出经历过蔓延外溢模式的情况，碳汇用地被随意割裂分布，碳排用地大多无明显计划性的穿插在碳汇用地之中，以点状不断向外侵蚀碳汇用地。边缘区一般表现出碳汇用地多于碳排用地的特点，边缘区中都存在大量未被消化的碳汇用地，碳排用地的转化率较低。离心发散阶段对边缘区碳汇用地的影响为耕地的增多。大城市在该时期显现出以指状及蔓延为主的相似的发散模式形态，但中小城市在蔓延之后表现出以圈层或片状为主的规整的模式形态，说明中小城市得益于已有的经验，在发展时更注重控制边缘区扩展的模式。但是，整体的扩张模式对林地的损害也是最大的，直接造成了中小城市边缘区林地负增长的情况（见图4-15～图4-17）。

二、外向推延阶段

外向推延阶段也是边缘区发展的中期，城市边缘区碳排碳汇用地扩张更重视向外拓展，边缘区面积迅速膨胀。中小城市受到同时间段大城市先期发展的影响，在此时期前就已开始有计划性的外扩。上海市在 1990 ～ 2000 年时已先行发展，边缘区碳排碳汇用地扩张模式主要为圈层与独立型，出现了较多卫星城。在此阶段大城市边缘区只注重扩张区域，并没有注重碳排用地的转化，增长率扩大主要因为边缘区外缘范围的扩张，而不是碳汇用地之间的相互转化（见图 4-14 和图 4-15）。而南宁市同期扩张时间段为 2000 ～ 2006 年，边缘区主要也以指状型向外扩充碳排用地，同时还出

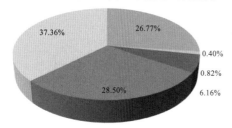

上海市 1990 年内边缘区各类用地面积占比

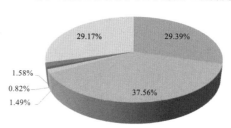

上海市 2000 年内边缘区各类用地面积占比

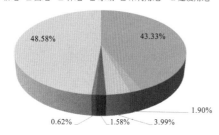

上海市 2006 年内边缘区各类用地面积占比

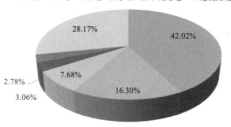

上海市 2014 年内边缘区各类用地面积占比

图 4-15　上海市内边缘区四时间段碳排碳汇用地占比饼形图

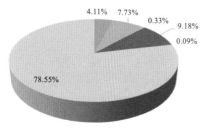

南宁市 1990 年内边缘区各类用地占比

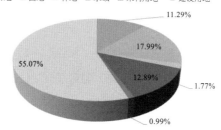

南宁市 2000 年内边缘区各类用地占比

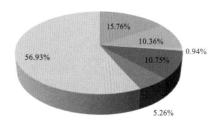

南宁市 2006 年内边缘区各类用地占比

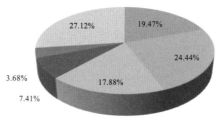

南宁市 2014 年内边缘区各类用地占比

图 4-16　南宁市内边缘区四时间段碳排碳汇用地占比饼形图

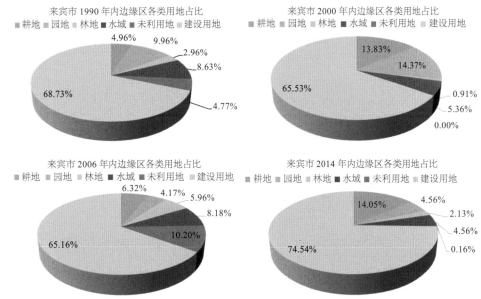

来宾市 1990 年内边缘区各类用地占比

来宾市 2000 年内边缘区各类用地占比

来宾市 2006 年内边缘区各类用地占比

来宾市 2014 年内边缘区各类用地占比

图 4-17　来宾市内边缘区四时间段碳排碳汇用地占比饼形图

现了独立型以工业为主的飞地。此阶段内，碳汇用地的增长幅度仍大于碳排用地。而园地和林地此时出现负增长，表明此时碳排用地的转化变为依赖园地和林地（见图 4-13 和图 4-19）。小城市来宾的发展则明显滞后，同期时间已到 2006 ～ 2014 年，扩张模式以连片型为主，同时也出现了工业飞地。此时碳排用地的增长已明显超过碳汇用地，碳汇用地主要由耕地构成（见图 4-12 和图 4-20）。

边缘区碳排碳汇用地的向心推延阶段主要注重于边缘区面积的扩大，扩张模式以轮盘型及连片型为主，碳排用地的转化率与增长率并不高。碳排用地仍主要由生产用地，耕地或园地转化，在此阶段中，大中小耕地都较大增长，这种情况的出现多是因为边缘区外缘的扩大导致范围内所囊括的耕地增多，而园地的增长则表现得并不一致。

上海市内边缘区各类用地变化

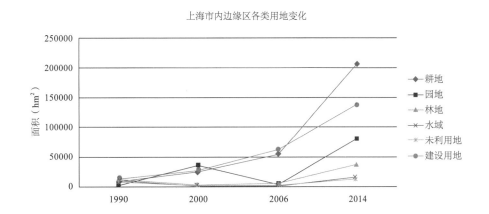

图 4-18　上海市内边缘区四时间段碳排碳汇用地变化趋势

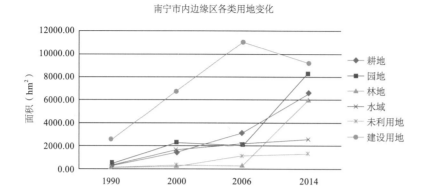

南宁市内边缘区各类用地变化

图 4-19　南宁市内边缘区四时间段碳排碳汇用地变化趋势图

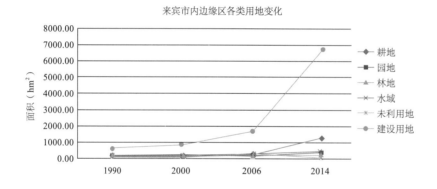

来宾市内边缘区各类用地变化

图 4-20　来宾市内边缘区四时间段碳排碳汇用地变化趋势图

三、集聚整合阶段

边缘区扩张的中后期是碳排碳汇用地的集聚整合阶段，主要表现为边缘区舍弃冒进的急剧扩张，面积增长放缓，碳汇用地逐步整合，碳排用地的利用趋向整体片状开发。截至 2013 年以前，只有上海及南宁迈入聚集期，而小城市来宾虽已显现出"自我填充"的聚集特点，但边缘区碳排碳汇用地的扩张仍以面积扩大为主。2000 ~ 2006 年上海市进入了急速扩张阶段，城市高速发展，碳排碳汇用地空间又重回失控。边缘区碳排用地以指状型向外扩张，边缘区碳汇用地以耕地为主，园地出现较大幅度的缩减，林地仍保持增长，表明特大城市在此阶段的扩张中开始注重碳排用地的充分转化。同时，南宁市进入了中后期发展阶段，边缘区碳排碳汇用地以连片型扩展，核心区的扩张速度大于边缘区的扩张速度。

集聚整合阶段是城市边缘区调整碳排用地，整合碳汇用地的阶段，边缘区的扩张仍以连片为主。但大城市在发展的中后期却出现以快速蔓延发散模式的失控现象，这是由于大城市急速扩张而区别于中小城市的最大特点。大城市完全显现出边缘区周期推进时螺旋式扩张的特征，而中小城市则趋向于平稳迈进。在集聚整合阶段中，碳排用地的增长趋向于超过碳汇用地的增长。各类碳汇用地的表现特征在大中小城市的表现状况也并不相同，园地及耕地的增长表现并不趋向于一致。

四、向心填充阶段

边缘区扩张的后期城市转为向心填充阶段,主要特征为边缘区外扩逐渐停止,碳排用地的开发倾向于在边缘区的内部。2006 ~ 2013 年,上海已进入稳定发展的后期阶段,碳排碳汇用地以轮盘型及连片型布及整个辖区,碳排用地的占比高。边缘区碳汇用地仍以耕地为主,而林地的比例有所增加,说明在城市发展后期注重生态环境的提高。未利用地的大量增加,说明城市仍在保持不断发展,但碳排用地的转化已由"扩张"转向"自我填充"。

向心填充阶段是城市有意识的"自省"阶段,城市开始逐步审视自身存在的不合理的空间结构,控制不断扩展的边缘区,将内部的用地更新利用。三个城市中,虽然在南宁及来宾的边缘区扩展中也不断存在着填充模式的碳排用地开发,但只有上海真正到达了这个阶段,城市边缘区的扩张几近停止。向心填充是城市开始有机更新的过渡阶段,但是上海也仍未达到真正的有机更新,主要是因为边缘区的土地利用仍显现以碳排用地增长、碳汇用地减少的特点。

第五章

低碳导向下城市边缘区
生态用地空间优化布局方法

怎样的生态用地空间布局模式才是一种低碳的模式？从哪些方面去优化才能够达到低碳的效果？从生态用地在"城市-边缘区"系统碳循环过程中所扮演的角色去思考或许可以帮助我们找到答案。生态用地是边缘区固碳系数较高的碳汇用地，具有良好的固碳功能，是"城市-边缘区"系统碳循环中碳汇过程的主要载体。而建设用地、生产用地与生态用地空间布局上存在的竞争与共轭关系，三者间存在物质与能量的来往，使边缘区的生态用地布局对碳排过程也存在间接的影响。这么看来，低碳的城市边缘区生态用地的理想布局模式与优化应当以提高生态用地的碳汇效益与间接减少建设用地与生产用地的碳排量为切入点。

第一节　生态用地碳汇效益的核心影响因素探讨

生态系统碳循环过程是一个复杂的生态过程，生态用地的碳汇效益除了与面积大小有关以外，一些能够直接影响植被光合作用过程、植被呼吸作用、生物量、生产力、凋落物的积累与分解、土壤呼吸以及水碳循环岩溶作用的因素都会对生态用地的碳汇效益产生促进或抑制的作用。在前人对生态系统碳循环过程以及影响因子的研究基础上，梳理了提升生态用地碳汇效益的核心因素，基本可分为环境因素和人为因素。环境因素包括风向、地形、温度、CO_2 浓度、氮沉降、水文条件、群落物种组成、树龄等人为干扰较小的影响因素，人为因素包括土地利用变化、人类生活、土地管理方式等人类活动直接影响的因素（表 5-1）。各类影响因素相互联系，通过不同的影响因素之间的相互影响、相互组合作用，可以直接影响生态系统碳循环过程，影响生态用地碳汇效益。

生态用地碳汇效益的核心因素　　　　　　　　　　　　　　　　　　　　　　　　　表 5-1

分类		作用方式
环境因素	风向	改变大气 CO_2 浓度、通量与移动方向
	地形	坡度坡向影响植被分布、植被生产力大小；影响土壤碳含量密度；影响风向风速；低海拔区湿地土壤碳埋藏率高
	温度	高温促进植物生长；高温加快光合作用；高温提高凋落物分解速率；干旱地区在高温下土壤呼吸作用加快
	CO_2 浓度	对植物具有施肥效应
	氮沉降	对植物具有施肥效应
	水文条件	低水位影响湿地碳汇作用；干旱对植物光合作用的抑制；影响植物生长状况
	植被群落物种组成	植物种植搭配、密度影响植物光合作用；植被覆盖层影响岩溶水循环碳汇效应
	树龄	中龄阶段碳汇能力最高；幼龄阶段碳汇能力最弱
人为因素	土地利用变化	土地利用通过转变改变生态系统类型增加或减少碳汇能力
	人类活动	自然资源开发对生态用地碳汇能力的影响；生活方式对生态用地碳汇过程的影响
	土地管理方式	有效的造林措施增加碳汇能力；提高森林经营与管理水平有利于林地增强碳汇功能，合理利用滩涂、建造人工湿地提高湿地固碳能力

一、环境因素

（1）风向。风对大气中二氧化碳的影响主要体现在两个方面：一方面，风在更新城市空气的同时，有助于二氧化碳的扩散；另一方面，受城市下垫面影响，经过建成区的风将二氧化碳汇聚至下风向区，下风向的边缘区碳浓度往往比其他方向上边缘区的碳浓度更高。

（2）地形。自然地形条件是约束、限制、诱导城市边缘区形成的客观机制，任何土地利用活动都无法回避自然地形条件，生态用地的构成、分布形式以及对植被的生产力大小也受其影响。同时，地形还会影响风向风速、造成气候差异，影响植物的光合作用以及二氧化碳的分布，间接影响生态用地的碳汇能力。

（3）温度。温度是影响植被光合作用、蒸腾作用以及微生物活性的重要因素。一方面，在高温的环境下，能增强植物的活性，促进植物生长以及加快植物的光合作用，从而能够提高植被的碳汇效率。而另一方面，高温会提高凋落物的分解效率，向大气释放二氧化碳，在土地干旱的情况下，高温还会加快土地呼吸速率，造成土壤碳库的流失。

（4）二氧化碳浓度。二氧化碳是光合作用的原料，它的浓度高低影响了光合作用暗反应的进行，在一定范围内提高二氧化碳的浓度能提高光合作用的速率。大部分研究认为，二氧化碳对植被具有一定的施肥效应，在水分和营养充分的地方，当大气二氧化碳浓度升高时，植物生物量和农作物产量均得到增加。

（5）氮沉降。由于工业排放以及农田施肥导致的氮沉降会给生态系统提供养分，而在营养充分的地方，二氧化碳浓度的施肥效应将得到提升，从而提高植被的碳汇能力。

（6）水文条件。水是影响植被光合作用及蒸腾作用的另一个重要因子。当湿地的水位过低而露出基地表面时，湿地会从碳汇转变成碳排。而干旱也会影响植物生长状况，对植物光合作用具有抑制作用，减少植被碳汇。

（7）植被群落物种组成。不同植被种类的碳汇能力具有差异性，植物种植搭配、密度都会影响植物的光合作用，植被群落组成越丰富，单位面积固碳量越高，而种植密度太密会造成二氧化碳气体淤积难以疏散，太疏则不能有效固碳。另一方面，植被覆盖层影响岩溶水循环碳汇效应，植被对降水起到调蓄作用，影响地表径流聚水后的河流 pH 值，影响熔岩作用的固碳量。

（8）树龄。有研究认为，树龄是造成碳汇时空分布的最主要因子，中龄阶段碳汇能力最高，熟龄阶段碳汇能力中等偏上，而幼龄阶段碳汇能力最弱。

二、人为因素

（1）土地利用变化。土地利用变化如建设用地扩张、围湖造田、土地开垦、退耕还林等会导致生态系统类型发生变化，从而增加或减少生态用地碳汇能力。

（2）人类活动。人类为了生产生活，不断地对自然资源进行开发和使用，势必会对自然生态系统造成一些影响。如伐林、植树造林、森林和湿地的旅游开发利用等，会造成植物群落以及土壤构成发生变化，从而影响生态用地的碳汇能力以及碳汇过程。

（3）土地管理方式。合理的土地经营管理方式可以提高生态用地的固碳能力，包括有效的造林措施、提高森林经营与管理水平有利于林地增强碳汇功能，同时合理利用滩涂、建造人工湿地提高湿地固碳能力。

第二节　边缘区生态用地低碳化空间布局优化途径

生态用地是碳循环系统中固定大气二氧化碳的唯一途径，基本思路是以提高生态用地碳汇能力为主，增加生态用地碳吸收的通量以及提高碳吸收的速率，将生态用地的碳汇速率与效益达到最优，通俗来说，不仅要提高生态用地的"量"，同时也要提高生态用地的"质"；同时生态用地、农业用地与建设用地三者之间存在着密切的空间联系与能量往来，生态用地的布局也可以间接影响到农业用地与建设用地的碳排放量与碳流通速度。依据上文对"城市 - 边缘区"系统碳循环机制的研究探讨，除了可以通过生物学与管理经营学等学科手段达到提高生态用地"质"和"量"以外，通过充分考虑自然环境和生产活动、生活方式，合理规划生态用地空间布局，促进低碳农业生产方式发展、引导人们向低碳生活方式转变，也能达到提升生态用地碳汇能力的目的。用地空间布置的规划手段总结来说有三个方面：一是控制用地指标，即对某种用地的量进行上限或下限的控制；二是划定用地范围界限，即通过对用地范围进行界定，控制和引导各类用地的排布格局；三是规划用地的各类功能分区布局，即通过综合因素的考虑，按照功能对各类要素进行分区布局，使各类要素间的联系更合理高效。因此，从规划的视角出发，城市边缘区生态用地低碳化空间布局优化可以通过三个方面实现：合理分配生态用地面积、有效的空间布局模式、合理调整生态用地功能（图5-1）。

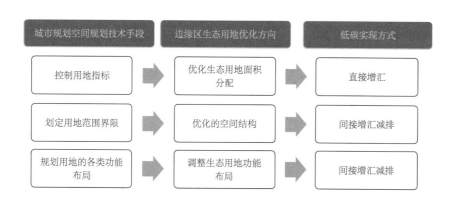

图 5-1　城市边缘区生态用地低碳优化方向

一、优化生态用地面积分配

生态用地作为"城市 - 边缘区"系统碳循环中主要的碳汇用地，具有最大的固碳潜力，因此生态用地的量直接关系到固碳量的多少。通过增加生态用地的总量，可以直接提高碳汇量，是一种最直接的增汇手段。但是城市是功能复杂的综合体，城市边缘区因具有城乡二元性而更为复杂，各类用地间存在此消彼长的关系，一味增加生态用地的总量，势必会造成农业用地、建设用地等其他用地量的减少，当用于生产和生活的用地不能满足人们生活需求的时候，这种规划也背离了以人为本的基本原则，不是我们所提倡的规划方法。有相关研究表示，我国人工林面积位居世界之首，对我国生态环境的保护和改善起着积极的作用，但目前我国人工林仍存在结构单一、树种单一及配置不合理等问题，人工林碳增汇目前还具有很大的空间 [1]。因此，要提高生态用地的碳汇速率与效益，应当在综合考虑碳排放强度、原有生态环境质量基础和经济效益的基础上，制定满足需求的生态用地指标，合理分配生态用地的面积与比例，在兼顾经济效益的前提下，保证生态用地的生态与碳汇功能达到最优，避免低效保护。

二、优化空间结构模式

区域尺度下，生态用地的空间布局在不同地区和不同时间段下，受地形限制和城市扩张形态的影响而呈现出各种各样的空间布局模式，生态用地的空间布局模式的选择关系到生态本地格局的形成，体现了一定区域范围内城市空间与生态空间的关系。不少学者在"斑块 - 廊道 - 基质"理论模型基础上，对生态用地的理想空间布局模式分类进行了初步的探索："绿楔 + 环城绿带 + 楔间生态廊道"的网络式结构模式有利于大城市外围功能组群（如产业开发区、郊野居住区和大学城等）充分利用城市交通干线的廊道效应进行集聚发展，对其之间进行生态隔离，避免抵消蔓延，加强了绿楔之间的生态联系，廊道效应叠加同时也能促进主城区的活力发展 [2]；"斑廊组合"的多核网络式结构模式能够实现城市单元紧凑开发及功能混合，减少通勤交通，有利于将生态园区整合成连续的网络，实现生态景观的有机镶嵌 [2]；"绿心组团网络式"模式有利于实现城市各功能区与完善高效的城市生态绿化系统毗邻 [3]；"廊道组团网络化"模式将生态廊道、生态斑块、生态基质等生态功能区按照空间相互作用、互利共生和协同进化原理，进行有机整合而形成，有利于区域经济可持续发展 [4]。生态用地的空间布局模式能够改变局部气候，决定边缘区域城市间物质、能源、信息、人口流动的路线、距离与效率。因此在多种可供选择的边缘区生态用地空间布局模式下，应当存在一个最有利于增汇减排的低碳最优布局模式：能够控制城市无序蔓延，改善局部气候环境，实现生态效益最高，有利于生态用地向城市提供生态减碳服务，减少边缘区与城市间的交通运输量，并有助于疏散城市大气中的二氧化碳浓度。

三、调整生态用地功能布局

边缘区生态用地向城市提供了生态服务、资源供给、社会活动、旅游休闲等多方面的功能，并通过这些功能使边缘区和城市产生联系。受功能需求的影响，边缘区的各类生态用地的物质构成均有所差异，对周围环境的需求侧重点也不同，并且与城市的联系也有密切与疏离之分，由此造成不同功能的生态用地碳汇能力、环境需求、间接产生的碳排放量也各有差异。因此在确定了生态用地空间布局模式后，如何根据不同功能生态用地的特点对其进行合理地布置，使生态效益达到最佳，并缩短提供生态服务的空间距离，是间接提高边缘区生态用地的碳汇能力与碳汇效率的另一个有效途径。

第三节 生态用地低碳化理想布局模型推导

一、典型边缘区生态用地低碳化空间布局模式比较评价

城市发展在初级、中级、高级阶段呈现出不同的发展特征，受每个阶段发展不同的任务和目标的引导，城市布局及生态用地的变化都呈现不一样的特点。但城市的发展存在着一定的规律，先发展的大城市为后发展的城市建设发展提供了可借鉴的模式，具有前瞻性和预见性。分析这些大城市，可以帮助我们判断城市发展过程中可能会出现的问题，以及可以解决的方法，使后发展城市少走弯路，正确选择符合自身特点的用地布局模式。通过总结整理，认为大城市边缘区生态用地可以分为四种模式：圈层式、放射式、网络式、散点式。

（一）圈层式

圈层式生态用地布局模式最主要特征是林地与水域在城市建成区外围形成环绕之势，将建成区包围在内，将城市景观与乡村景观隔离开来，结合建设用地布局、地形、气候、历史人文条件，形成环形、楔形等不同的形态。因此圈层式的生态用地布局模式按照形状要素的组合不同形成两种模式，两种模式的特征与比较见表 5-2。

（1）"水廊＋环形圈层"模式。"水廊＋环形圈层"的模式以伦敦、巴黎为代表，一般出现在早期以环形路网为骨架的特大城市。布局模式主要特点是因自然地理条件形成的一条主要河流穿城而过，城市交通呈同心圆环状放射式，城市边缘区完整集中的大型林地斑块与水体斑块沿环形交通线，组成了将建成区包围在内的绿色环形绿带。从低碳发展的角度上看，一方面，这种模式在城市外围形成了一道生态束缚控制带，有利于控制城市的无序蔓延，有利于城市向内部填充、集约开发、跳跃式等低碳扩张模式，有效控制城市形态；另一方面，这种模式下，生态用地比较集中成片，与

建设用地的接触面积比较大，因而使生态用地的固碳量也大。但是，这种模式也同样存在着缺陷，圈层结构容易将建成区围合在一个比较封闭的空间里，不利于建成区生活生产活动产生的温室气体的疏散，使大量二氧化碳滞留在建成区上空无法散去，加剧城市的温室效应，不仅会间接增加了空调的使用量、减少了绿色出行量，还将影响生态用地的单位面积固碳量，造成低效固碳。

圈层式模式

表 5-2

模式	布局模式特点	优势	不足	典型城市	模式图
水廊＋环形圈层	◆以河流形成水廊穿城而过； ◆生态用地斑块组成环形绿地包围建成区，形成圈层	◆有利于控制城市无限蔓延，有利于城市向内部填充、集约开发或跳跃式扩张的低碳模式发展； ◆生态用地集中且与碳排用地（即建设用地）接触面积大，固碳量大	◆过度封闭的圈层布置不利于建成区温室气体的疏散，造成低效固碳； ◆水域与林地未相互充分联系，未形成系统的结构，结构与功能单一； ◆建成区内部与边缘区生态用地缺少联系，缺少绿色廊道，不利于低碳出行	伦敦巴黎	
水廊＋楔形环绕	◆以河流形成水廊穿城而过； ◆生态依据山势地形呈楔形环绕在建成区周围	◆生态用地连片集中，有一定的固碳潜力	◆生态用地与建设用地缺少联系，接触面积小，不利于生态用地碳汇功能的发挥； ◆楔形绿地的包围过于封闭，造成建成区温室气体淤积，生态用地不能迅速固碳； ◆生态用地与建设用地未形成共轭关系，生态用地对城市扩张形态起不到控制的作用； ◆生态用地布局受地形局限，并以经济生产为主要驱动力，结构和功能单一，生态与碳汇功能并未体现	南宁长沙	

（2）"水廊＋楔形环绕"模式。"水廊＋楔形环绕"模式以长沙、南宁等城市为代表，一般出现在群山环绕的盆地型地貌城市。布局模式主要特点是依地貌形成的河流形成水廊穿城而过，城市外围依据环绕的山形地势形成楔形的林地环绕。从低碳视角上看，这个模式生态用地连片集中，具有一定的固碳潜力，但与"水廊＋环形圈层"的模式相比，它可能更不利于低碳发展。一是因为虽然有大片集中的生态用地，但生态用地与建设用地距离较远，缺少联系，接触面积小，不利于生态用地碳汇功能的发挥；二是存在圈层式模式共同的缺陷，楔形绿地的包围过于封闭，容易造成温室气体的淤积，造成人们不得不选择高碳生活方式，生态用地不能迅速固碳，固碳效率低下；三是过于二元分割的生态用地与建设用地并未形成共轭关系，生态用地对城市扩张方式和形态不到控制的作用，城市很有可能继续走无序蔓延的高碳发展道路；四是生态用地的布局始终受地形环境限制，以林业等经济生产为主要的驱动力，其结构和功能单一，生态用地的生态与碳汇功能并未得到重视和体现。

（二）网络式

网络式生态用地布局模式最主要的特征是通过水流和线性林地交织，组成四通八达的廊道网络系统覆盖整个区域，生态用地的线性空间感比较强烈。这些廊道可以是沿路沿河布置的绿化带、防护林等绿廊，也可以使由丰富的水流组成的密集水廊，这些廊道可以连接边缘区的各个小型生态用地斑块和大片生态用地，通过组合点状斑块、楔形绿地和环状绿带等形成生态网络。网络式按照要素组成不同分成两种，其特征与对比见表 5-3。

网络式模式　　　　　　　　　　　　　　　　　　　　　　　　　　　　　　　表 5-3

模式	布局模式特点	优势	不足	典型城市	模式图
廊网+斑块	◆ 四通八达的水系形成网络覆盖整个市域； ◆ 郊野公园等形成小型绿色斑块被廊网串联	◆密集的水网有利于形成多个方向的风廊，改善城市气候环境，易于温室气体疏散的同时，有助于低碳生活的推行； ◆分散集中的斑块使生态用地分布更均衡，促进平衡发展的同时，有利于功能混合，减少因交通而产生的碳排； ◆相互连通的网络与斑块利于低碳出行	◆对城市自身山水格局要求较高，推广性不高	深圳 嘉兴 威尼斯	
水网+楔形渗透	◆ 四通八达的水系形成网络覆盖整个市域； ◆ 结合楔形绿地渗透穿插嵌入指状布局的建设用地之间	◆密集的水网有利于形成多个方向的风廊，结合渗透入建成区的楔形绿地，能够改善城市气候环境，易于温室气体疏散的同时，有助于低碳生活的推行； ◆楔形绿地的嵌入有利于增加生态用地与碳排用地（即建设用地）的接触面积，利于碳汇； ◆渗透入建成区的楔形绿地能有效抑制边缘区"摊大饼"式地扩张，促进城市低碳发展	◆水域与林地未相互充分联系，缺少绿色廊道，未形成系统的结构，不利于低碳出行； ◆生态用地分布不均衡，未按碳汇需求来因地制宜地进行布置	温州	

（1）"廊网+斑块"模式。"廊道+斑块"模式以深圳、嘉兴、威尼斯为代表，一般出现在城市山水格局良好的城市。布局模式的主要特点是由四通八达的水系或绿廊，组成了廊道网络覆盖了整个城市，一些由郊野公园形成的林地和水域斑块与廊网串联，或者散布在周围，自然分割形成几个组团。从低碳的视角来看，在这种模式下，密集的廊网有利于在市辖区内形成多个不同方向的风廊，有利于将风引入建成区内，对改善城市气候环境、疏散大气温室气体，降低大气二氧化碳浓度有着重要作用，除了能够提高生态用地的碳汇速率外，还能够间接影响人们对空调、汽车出行等高碳生活方式的频率，有利于低碳生活的推广；同时，分散分布的斑块以及廊网分割自然形成的组团，使区域内生态用地的分布更均衡，在促进城乡平衡发展的同时，更能推动土地的混合开发利用，缩短人们日常休憩娱乐活动的交通量，减少因交通而产生的碳排放量；此外，四通八达的廊道网络与生态斑块相结合，使人们可以通过廊道到达各

个斑块与组团，利于低碳出行。但是这种模式的是顺应自然环境而形成的，对城市本身的自然山水格局要求比较高，模式可使用的局限性大。

（2）"水网＋楔形渗透"模式。"水网＋楔形渗透"模式以温州为代表，一般出现在水系发达的丘陵平原城市。布局模式的主要特点是纵横交错的水系形成水网覆盖整个城市，林地斑块组成楔形绿地嵌入指状布局的建成区间。这个模式除了拥有网络式模式共同的优势：能够形成风廊改善城市气候环境、疏散温室气体，有利于生态用地碳汇效益的发挥和低碳生活的推行的优势外，楔形绿地的嵌入还有利于增加生态用地与建设用地的接触面积，更有利于生态用地对建设用地产生的碳排的固定，同时还能够有效地抑制城市边缘区以"摊大饼"的高碳方式扩张，促进城市低碳发展。这种模式也存在缺陷，一是水域与林地处于二元割裂状态，整体仍然缺乏系统性和整体型，网络中缺少符合人们游憩活动习惯的绿廊，不利于低碳出行；另一方面，从整体上看生态用地的分布也不太均衡，其布局未按照碳汇需求来因地制宜地地进行布置。

（三）放射式

放射式生态用地布局模式最主要的特征是利用山形地势、河流走向、放射干道等形成由边缘区深入建成区的放射状布局形态，形成出外宽内窄的楔形空间和放射状线性空间，通常与线性、环形等形态模式进行组合，形成一个向心性明显的系统布局模式，是现今大多城市在进行绿地系统规划时选择较多的模式。放射式的生态用地布局模式按照组成要素不同分成两种，其特征与比较见表5-4。

放射式模式　　　　　　　　　　　　　　　　　　　　　　　　　　　　表 5-4

模式	布局模式特点	优势	不足	典型城市	模式图
环网放射	◆沿环形道路布置绿地在中心城区外围形成环形绿化带； ◆沿道路与水系布置绿化形成与城市相互穿插的绿廊与水廊，组成生态网络； ◆在建成区外围结合生态网络布置绿色斑块呈楔形渗透入建成区	◆生态用地结构及功能丰富； ◆外圈环形有效控制了城市蔓延； ◆楔形绿地的嵌入有利于增加生态用地与碳排用地（即建设用地）的接触面积，利于生态用地碳汇功能的发挥； ◆绿廊与水廊网络能形成多个方向的风廊，有助于温室气体疏散，缓解城市热岛效应，有助于低碳生活的推行	◆对城市本身的自然地理条件考虑较少，土地覆被变化剧烈； ◆多沿着道路、建筑、河流边来布置规划绿地，未从低碳需求的出发点考虑整体布局，斑块面积小，分布不均匀	上海 北京 东京	
楔形渗透	◆林地与水域斑块依山势地形以楔形渗透深入建成区	◆楔形绿地的嵌入有利于增加生态用地与碳排用地（即建设用地）的接触面积，利于碳汇； ◆渗透入建成区的楔形绿地能有效抑制边缘区"摊大饼"式地扩张，促进城市低碳发展	◆生态用地布置受地形局限太大，结构与功能单一，未从生态用地的碳汇功能来考虑； ◆缺少生态廊道，不利于温室气体的疏散和绿色出行	墨尔本 苏州 杭州	

（1）"环网放射"模式。"环网反射"模式以上海、北京、东京为代表，一般出现在现阶段发展比较成熟的特大城市。布局模式的主要特点是沿着建成区外围的环形道路布置环形绿地，形成包围建成区的环形控制带，同时沿主要干道与水系布置绿地形成与建成区相互穿插的绿廊与水廊，形成覆盖整个市域的综合生态网络，接着对建成区外围的斑块进行扩大与合并，形成几块楔形绿地嵌入建成区。这种模式的结构组织和功能比较丰富和灵活，吸收了圈层式、网络式的优势：外圈环形能够有效地形成城市外围束缚层与隔离带，有效控制了城市无序蔓延，促进城市低碳发展；分块嵌入的楔形绿地有利于增加生态用地与建设用地的接触面积，有利于生态用地碳汇功能的发挥，高效吸收建设用地产生的碳排；绿廊与水廊能形成多个方向的风廊，沿道路布置的绿廊还能满足人们日常游憩移动的需求，不仅能够有利于温室气体的疏散，提高生态用地固碳效率，还能改善城市气候环境，营造低碳出行的环境，引导人们选择低碳的生活方式。这种模式仍存在着不足，一是对城市本身的自然地理条件考虑较少，用地布局变化属于大刀阔斧式地进行改造，因此土地覆被变化剧烈，影响生态用地碳汇能力，并使土壤向大气释放更多碳；二是这种模式下生态用地布局多沿着道路、建筑、河流边的缝隙空地来布置规划，未从碳汇需求的出发考虑整体布局，斑块面积小，分布不均匀，生态用地所在位置并不能很好地发挥碳汇作用。

（2）"楔形渗透"模式。"楔形渗透"模式以墨尔本、苏州、杭州为代表，也是现阶段大城市常使用的一种模式。林地与水域板块形成楔形的绿地由城市边缘区渗透嵌入指状放射发展的建成区内。由于都存在楔形渗透的形态模式，"楔形渗透"模式与"水网＋楔形渗透"模式具有共同的优点：楔形绿地的嵌入使生态用地与建设用地的联系更加密切，增加了生态用地与建设用地的接触面积，有利于增加单位面积生态用地的固碳量；插入建成区的楔形绿地还能有效抑制边缘区"摊大饼"式的高碳发展模式，促进城市跳跃式低碳发展。但相比于"水廊＋楔形渗透"模式，"楔形渗透"存在更多不足：生态用地布置受地形局限性太大，虽然面积较大，但结构与功能十分单一，欠缺碳汇功能的考虑，单位面积固碳量并不高；廊道结构和形式单一，仅有两条交叉的水廊，缺少绿廊，不利于建成区大气中二氧化碳的疏散和人们日常的绿色出行。

（四）散点式

散点式生态用地布局模式主要特征是林地与水域组成集中的斑块散布在边缘区，点状生态用地占大多数，一般是一些用地紧张的城市喜欢采用的模式。按照斑块组成和分布，散点式的生态用地布局模式可以细分成两种，其特征与比较见表5-5。

（1）"单绿心"模式。"单绿心"模式以广州为代表，一般被生态资源比较集中的城市采用。布局模式的主要特点是有一个明显大型生态斑块位于城市边缘区，其他生态用地小斑块零星散布在周围，绿心通过一些生态廊道与生态用地小斑块相连接，形成几条绿色触角深入建成区中。这种生态用地布局模式层次分明，生态用地面积集中成片，具有比较大的固碳潜力；同时大片绿心有利于改善边缘区局部气候环境，形成城市绿肺，降低局部二氧化碳浓度。但是这种生态用地布局模式会产生重心偏移，并不利于实现区域生态用地的合理分配和区域均衡协调，造成低效固碳；同时单绿心的模式容易产生单箭头的通勤，形成钟摆式交通，增大了交通压力，间接产生了更多的碳排；这种模式下，生态用地布局形式结构单一，绿心形态不易控制，容易在城市扩张过程中被吞噬，变得破碎化。

散点式模式 表 5-5

模式	布局模式特点	优势	不足	典型城市	模式图
单绿心	◆大型生态用地斑块在边缘区形成一个绿心；◆小型生态斑块散布周围通过绿廊连接形成绿色触角	◆层次分明，生态用地面积集中成片，具有比较大的固碳潜力；◆改善局部气候环境，降低局部二氧化碳浓度	◆结构单一，绿心形态不易控制，容易在城市扩张过程中被吞噬；◆重心偏移，生态用地分布不均，不利于实现区域的协调平衡，造成低效固碳；◆容易造成人们形成单箭头的通勤，形成钟摆式交通，增大了交通压力	广州	
多绿核	◆多个生态用地斑块呈众星捧月包围城市建成区	◆布置灵活，形成各个分区的绿色核心，实现区域的协调平衡，有利于引导城市土地集约混合开发；◆利于大气二氧化碳气体的疏散，缓解城市热岛效应，有助于低碳生活的推行	◆生态系统结构不稳定，容易在城市扩张过程中被吞噬；◆结构单一，绿核间缺少联系，不利于低碳出行的推广	武汉	

（2）"多绿核"模式。"多绿核"模式以武汉为代表，一般被生态资源比较分散的城市使用。布局模式的主要特点是由多个林地斑块或水体形成多个绿核散布在边缘区中，各个绿核以众星伴月的形式将城市建成区包围在内。这种生态布局模式布置比较灵活，形成各个分区的绿色核心，促进城市跨越式发展，实现区域的协调平衡，有利于引导城市土地集约混合开发；同时有利于风从边缘去吹向城市建成区，便于大气二氧化碳气体的疏散，缓解城市热岛效应，改善人们居住环境，促进低碳生活推行。但是这种模式同样也存在不足：结构单一，多个绿核之间缺少联系，形成互通的生态网络，不利于人们低碳出行；绿核对城市扩张的束缚力稍弱，且生态系统结构不稳定，容易在城市扩张的进程中被吞噬变得破碎化。

二、南宁市城市边缘区生态用地的理想间模式

对国内外大城市边缘区生态用地布局模式的低碳评价对比上看，生态用地布局模式越多元、越综合，低碳效益就越高，"廊网＋斑块"模式和"环网放射"模式是目前两种比较理想的低碳模式。但是必须要认识到的是，不同城市由于气候环境、自然条件、城市发展水平和城市发展定位的不同，使得城市建成区在空间布局上具有空间和时间的差异性，边缘区生态用地与建设用地空间布局存在共轭的关系。因此其空间布局也存在着差异性，这就意味着不存在一种理想的低碳布局模型能够适合所有城市的所有发展阶段，不同城市在不同的发展阶段其边缘区生态用地所适宜的布局模式也不尽相同，因此边缘区生态用地低碳空间布局理想模型的构建应当在参照现有先进的模式下，再根据城市本身来进行调节改善，才更具有针对性和可操作性。

南宁市1990～2006年间边缘区生态用地呈现以山野林地为主导的圈层式模式，发展到2014年都并始呈现放射式模式发展，而城市建成区位于盆地中央，布局形态呈指状型，交通路网为不规则环型放射式路网，因此以南宁市的情况来看，比较适宜向"环网放射"模式发展，再根据现阶段南宁市自身情况，从低碳角度出发，吸收其他模式的优势，对"环网放射"模式所缺陷不足进行优化调节，细化生态用地功能，最终构建的针对南宁市的边缘区低碳生态用地空间布局理想模型如图5-2所示。

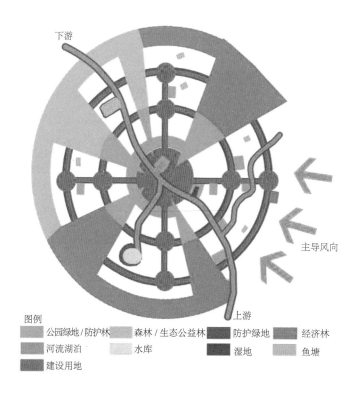

图5-2　南宁市边缘区生态用地空间布局理想模型

（一）城市边缘区生态用地的理想空间结构

国内外城市规划专家的研究普遍认为分散集中、土地集约混合的跳跃式发展是能够使城市低碳发展的一种理想城市空间格局，城市边缘区生态用地布局要素应当选择环形、楔形进行组合，对城市空间扩张起到倒逼作用，避免城市"摊大饼"式地无序蔓延扩张，引导城市边缘区建设用地定向跳跃式沿轴线扩张。因此理想边缘区生态用地空间布局应当在城市核心区外围布置一圈环形生态用地，在城市景观与乡村景观之间形成一条生态低碳屏障，并在边缘区外围集中原有的水域和林地斑块再形成第二圈环形生态用地，形成第二道生态低碳屏障。再在两道环线间，布置多块楔形生态用地嵌入核心区中，强调建设用地与生态用地间犬牙交错的共轭关系。同时，为了有效对建设用地上空大气二氧化碳进行疏散，避免滞留造成低效固碳，改善城市内部的气候环境，结合城市主导风向对上风向位置的环形生态用地进行留空处理，上风向尽量组织分散式的点状生态用地斑块，保证良好的通风环境。而点状生态斑块选择灵活布置在边缘区建设用地集聚的区域周围，并尽量与交通、水域相邻，起到平衡的作用。最后，沿城市的环形、放射型的关键干道以及河流布置带状绿地，形成多条绿廊与水廊，搭建生态用地与建设用地之间的桥梁，并将环形、楔形、点状的生态用地进行连接。

这种空间布局形态能够有效引导城市分散集中地进行沿轴跳跃式扩张；保证了生态用地与建设用地的接触面积，生态用地布置更加均衡，促进边缘区碳吸收与碳排放的平衡；结合了风向对上风向的生态用地进行留空处理，并在下风向处布置足够多的生态用地，同时利用绿廊和水廊对生态用地与建设用地、各生态用地要素间进行连接，制造了风廊，引导建设用地大气中二氧化碳向生态用地移动，最大限度地增加生态用地与二氧化碳的有效接触面积，缩短了碳汇的距离，提高了生态用地的碳汇通量与碳汇效率；绿廊和水廊网络以及楔形绿地的渗透有效改善了城市气候环境，缓解了热岛效应，为人们创造了适宜低碳出行和低碳生活的环境，间接减少空调、汽车使用产生的碳排放量。

（二）城市边缘区生态用地的理想空间结构

本书界定的生态用地范围为林地和水域，而随着城市发展，边缘区林地和水域分别被赋予了更多种使用功能。其中林地包括经济林、森林、公园绿地、生态公益林、防护林、防护绿地几种，而水域包括湿地、河流湖泊、水库、鱼塘几种，主要功能可以分为经济生产、生态服务、游憩休闲、水源供给、水源涵养几种。不同功能的用地碳汇能力也有所不同，一般认为，在林地中，森林、生态公益林由于面积较大，植物种类丰富并且人为活动痕迹少，因此碳汇能力最强，而经济林因需要砍伐、树种单一，碳汇能力最弱；水域中湿地由于沿岸植被多、河底基质元素丰富，碳汇能力最强；鱼塘因养殖污染，碳汇能力最弱。

根据不同功能生态用地的碳汇能力及功能特性来考虑，第一，城市核心区和边缘区建设用地集中区附近的环状、楔形、点状生态用地适宜布置，供人们游憩休闲的郊野公园和作为城市生态屏障的防护林，一方面能够减少人流游憩活动交通通勤量，从而减少碳排，另一方面能够有效发挥防护林的碳汇功能和生态屏障，形成吸收城市碳排放的第一道碳汇屏障。第二，沿交通道路及水域布置防护绿地，有效吸收交通产生的碳排，并对水库水源和大型鱼塘起到隔离和防护的作用，保护水域的生态结构，有利于水域碳汇效益的发挥。第三，因为经济林的碳汇能力最弱，因此选择在城市主导风向的两侧外围布置经济林，在下风向外围处布置碳汇能力最强的森林和生态公益林，利于对上风向建设用地排放的二氧化碳进行固定。第四，选择位于城市上游的水域作为水库使用，并设置防护绿地进行保护，靠近城市的湿地作为湿地公园进行保护性开发，而下游和外围散步的水域板块作为鱼塘来进行开发使用，达到合理保护和利用水资源的目的。

专栏 5-1　南宁市 1990～2014 年边缘区生态用地空间布局变化

1. 1990～2000 年：南宁市的发展刚刚起步，城市建设初见成效，建设用地面积由 24750.01hm² 增加到 35606.02hm²，年均增长率为 3.7%。而边缘区生态用地的面积随着建设用地的增加而减少，由 1990 年的 294027.15hm² 减少到2000 年的 250603.13hm²，年均增长率为 −1.59%，但实际上水域的面积是增加的，生态用地的减少以林地的减少为主，边缘区生态用地的规划与保护并未得到重视。生态用地空间布局模式由"水廊＋多圈层"的模式变成"水廊＋楔形环绕"的布局模式。

2. 2000～2006 年：南宁市的建设用地扩张面积虽稍有放缓，但仍稳步提升。建设用地由 35606.02hm² 增加到 38579.02hm²，年增长率为 1.34%。而生态用地面积虽稍有提升，由 250603.13hm² 增加到 254544.13hm²，年增长率为0.26%，但多为因水位的上涨而使水域面积有所增加，林地的面积扔在减少，由 222945.12hm² 减少到 221070.12hm²，年均增长率 −0.14%。园地的面积出现大幅度下滑，而生态用地的变化相对较少。生态用地仍保持上个阶段"水廊＋楔形环绕"的布局模式。

3. 2006～2014 年：南宁市迎来新一轮发展浪潮，琅东、凤岭一片继续完善，五象新区的建设如火如荼。8 年间，发展城市建设用地由 3579.02hm² 增加到 61455.03hm²，年均增长率达 5.99%。林地面积在这个阶段大幅度增加，由

221070.12hm² 增加到 295384.16hm²，年均增长率达 3.69%；水域面积有所减少，由 33474.02hm² 减少至 28498.01hm²，年均增长率为 −1.99%，因林地面积的增加，生态用地面积在这个阶段有所提升，从 254544.13hm² 增加到 323882.17hm²，年均增长率为 3.08%。生态用地形成"水廊 + 楔形绿地"的布局模式。

| 1990 年 | 2000 年 | 2006 年 | 2014 年 |

第四节　边缘区生态用地低碳安全格局构建

一、基于生态系统碳循环过程的生态用地碳汇阻力评价体系构建

根据对碳循环过程中影响生态用地碳汇效益的影响因子分析，考虑数据的可获得性，选取坡向、坡度、土壤湿度、土壤类型、温度、二氧化碳浓度、植被指数、植被类型和土地利用类型 9 个因子作为影响生态用地碳汇效率的主要阻力因子，结合层次分析法（AHP）和专家咨询，建立生态用地碳循环过程的阻力评价体系（表 5-6）。将单个因子的阻力分为 5 个等级，并对其进行分级赋分，分值越高阻力越小，表明该位置越能够发挥生态用地的碳汇效益，即越适宜布置生态用地。

生态用地碳汇过程阻力评价体系　　　　　　　　　　　　　　　　　　　　　　表 5-6

赋值	阻力因子								
	坡向	坡度（°）	温度植被干旱指数（TVDI）	土壤类型	温度（℃）	二氧化碳浓度（ppm）	植被指数	植被类型	土地利用类型
5	南	15 ~ 25	0 ~ 0.2	红壤、赤红壤	35 ~ 40	450 以上	0.5 ~ 0.7	混交林	林地、水域
4	东南、西南	25 ~ 35	0.2 ~ 0.4	紫色土	30 ~ 35	400 ~ 450	0.7 ~ 1	阔叶林	未利用地
3	东、西	35 以上	0.4 ~ 0.6	赤红壤复合水稻土	25 ~ 30	400 ~ 350	0.3 ~ 0.5	针叶林	园地
2	东北、西北	5 ~ 15	0.6 ~ 0.8	紫色土复合水稻土	25 以下	300 ~ 350	0 ~ 0.3	灌丛林	耕地
1	北	0 ~ 5	0.8 ~ 1	水稻土、褐色石灰土	40 以上	300 以下	−1 ~ 0	其他	建设用地
权重	0.08	0.08	0.13	0.10	0.15	0.18	0.08	0.08	0.12

（1）坡向。坡向决定了光照量和降水量，南坡所受的太阳光照时间最长，辐射量最大，植物的光合作用效率越高，其次为东南坡和西南坡，接着到东坡和西坡、东北坡和西北坡，最少为北坡。而坡向也影响了降水量，受东南季风影响，南面与东南面降水量丰富，土壤湿度大，更利于植物发挥碳汇效益。因此南坡赋分最高，北坡赋分最低。使用中国科学院计算机网络信息中心地理空间数据云网站（http：//www.gscloud.cn/）提供的30m分辨率DEM数字高程数据进行图像拼接裁剪预处理后，运用Arcgis10.0软件3D Analyst工具进行坡向分析，获取南宁市边缘区坡向栅格图形（图5-3）。

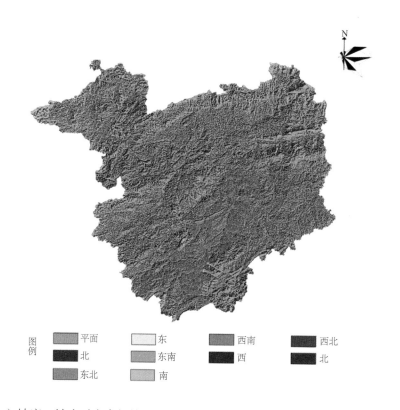

图例	▨ 平面	▨ 东	▨ 西南	▨ 西北
	■ 北	▨ 东南	■ 西	■ 北
	▨ 东北	▨ 南		

图5-3　南宁市坡向分析图

（2）坡度。坡度对水土保持和城市建设有重要的影响作用，是土地利用适宜性评价重要的考虑指标。考虑到经济和社会发展需求，小于15°的土地优先考虑进行城市建设以及农业生产活动。而由于坡度越大，土地渗透能力越小，大于15°的用地坡度越小则越适宜林地生长，更利于林地发挥碳汇效益。因此坡度为0°～5°的用地赋分最低，15°～25°赋分最高。使用中国科学院计算机网络信息中心地理空间数据云网站（http：//www.gscloud.cn/）提供的30m分辨率DEM数字高程数据进行图像拼接裁剪预处理后，运用Arcgis10.0软件的3D Analyst工具进行坡向分析，获取南宁市边缘区坡度栅格图形图（图5-4）。

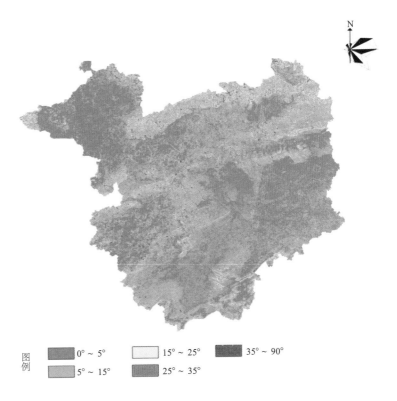

图 5-4　南宁市坡度分析图

图例　　0°～5°　　15°～25°　　35°～90°　　5°～15°　　25°～35°

（3）温度植被干旱指数（TVDI）。温度植被干旱指数（TVDI）用于干旱监测，反映了某个区域的相对干旱程度，通过地表温度（LST）与植被指数（NDVI）依据公式（5-1）计算得到。TVDI 越大，土壤湿度越低，TVDI 越小，土壤湿度越高[5]。土壤湿度反映了用地的水文条件，土地的干旱程度，是生态用地发挥碳汇作用的重要因素。干旱不仅使植物处于缺水状态，抑制植被的光合作用，同时还会使湿地露出基地产生碳排放，因此 TVDI 值在 0～0.2 范围内赋值最高，0.8～1 赋值最低。

$$TVDI = (T - T_{min}) / (T_{max} - T_{min}) \qquad (5-1)$$

其中 T 为地表温度，T_{min} 为植被指数对应的最低地表温度。即湿边，$T_{min} = a + b \times NDVI$；$T_{max}$ 为 NDVI 对应的最高地表温度，即干边，$T_{max} = c + d \times BDVI$；$a$、$b$、$c$、$d$ 是干湿边拟合方程系数。

本文的 LST 数据与 NDVI 数据通过美国航天局（NASA）官方网站（http：//ladsweb.nascom.nasa.gov/data/search.html）下载的 MODIS 数据产品获取，其中 MOD11C3 为地表温度月合成数据产品，MOD13A3 为植被指数月合成数据产品。综合考虑其他阻力因子数据的可获取性和时间一致性，选择 2014 年 12 月的数据进行温度植被干旱指数的计算。将 MOD11C3 数据与 MOD13A3 数据导入 ENVI5.1 平台，对地表温度和植被指数数据进行回归拟合分析，获得干湿边拟合方程（图 5-5）和温度值被干旱指数空间分布栅格图像（图 5-6）。

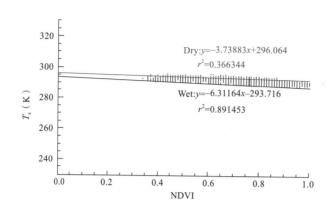

图 5-5　干湿边拟合
方程

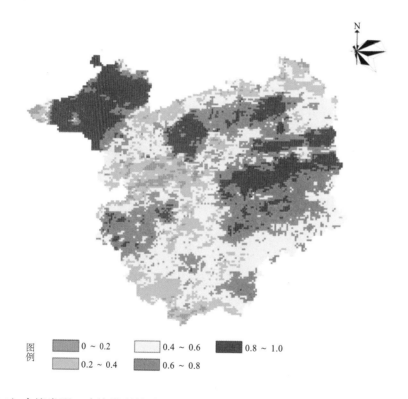

图 5-6　温度植被干旱
指数分析图

（4）土壤类型。土壤类型关系到了土壤的肥力、水湿条件以及渗透能力，决定了植被的生长和水碳循环过程状况。南宁的几种土地中，红壤、赤红壤的水湿条件好、营养含量丰富以及渗透能力强，最适宜林地生长，有利于植被碳汇过程与地下水碳循环过程，赋分最高。而水稻土和棕色石灰土因土壤一直处于水淹或缺水的状态，不适宜用于生态用地的布置，因此赋分最低。土壤数据来源于国家科技基础条件平台——国家地球系统数据共享平台 - 土壤科学数据中心（http：//soil.geodata.cn）提供的《中国 1：400 万土壤类型分布图》，通过数字化形成土壤分布栅格图形（图 5-7）。

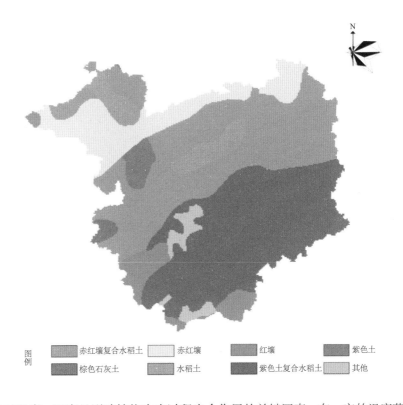

图例　赤红壤复合水稻土　　赤红壤　　红壤　　紫色土　　棕色石灰土　　水稻土　　紫色土复合水稻土　　其他

图 5-7　土壤类型分布图

（5）温度。温度是影响植物生态过程光合作用的关键因素。在一定的温度范围内，高温条件下能够促进植物进行光合作用增加碳汇效益，但过高的温度会加快植物的蒸腾作用，使植物叶面气孔关闭反而抑制了植物的光合作用，影响碳汇效益，同时还会使土地干旱，加快凋落物分解和土壤呼吸作用，产生碳排。因此将 40℃ 以上的区域赋值最低，35 ~ 40℃ 范围内的区域复制最高 . 温度数据选取 2014 年 12 月份的 Landsat8 卫星遥感数据在 ENVI5.0 平台上使用 band math 工具进行地表温度反演，算法为覃志豪提出的单窗算法[6]：

$$T_s = K_2 / \ln \left(K_1 / B \left(T_s \right) + 1 \right) \tag{5-2}$$

$$B \left(T_s \right) = [L_\lambda - L\uparrow - \tau \left(1 - \varepsilon \right) L\downarrow] / \tau\varepsilon \tag{5-3}$$

式中 T_s 为地表真实温度（K）；K_1 和 K_2 为发射前预设的常量，对于 Landsat 8 的 TM 数据，$K_1 = 607.76 \text{W}/ \left(\text{m}^2 \cdot \text{m} \cdot \text{sr} \right)$，$K_2 = 1260.56 \text{K}$；$B \left(T_s \right)$ 为黑体热辐射亮度；$L\uparrow$ 为大气向上辐射亮度；$L\downarrow$ 为大气向下辐射亮辐射亮度；τ 为大气在热红外波段的透过率；ε 为地表比辐射率。

大气向上辐射亮度（$L\uparrow$）、大气向下辐射亮度（$L\downarrow$）、热红外波段透过率（τ）、地表比辐射率（ε）等参数可通过 NASA 官网（http：//atmcorr.gsfc.nasa.gov/）查询获取，通过反演计算得到精度为 100m 的地表温度分布栅格图像（图 5-8）。

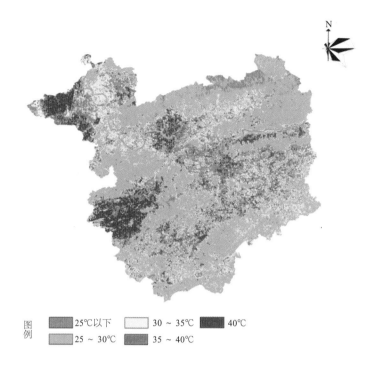

图 5-8　地 表 温 度 分布图

图例　■ 25℃以下　□ 30～35℃　■ 40℃
　　　■ 25～30℃　■ 35～40℃

（6）二氧化碳浓度。二氧化碳对植物光合作用有施肥效应，同时高浓度的二氧化碳更容易被水域吸收。根据中国气象局发布的《中国温室气体公报（2014 年）》，瓦里关全球大气本地站观测到的二氧化碳平均浓度为 398.7ppm，而北京上旬子区域观测到的二氧化碳平均浓度为 404.4ppm，平均值在 400ppm 左右。将二氧化碳浓度分为 300ppm 以下、300～350ppm、350～400ppm、400～450ppm 和 500ppm 以上五个区间，大于 500ppm 的区域赋值最高，小于 300ppm 的区域赋值最低。二氧化碳浓度数据可以通过 MODIS 系列数据反演得到，采用的二氧化碳浓度计算模型为 Meng Guo，Xiufeng Wang 等提出的公式[7]：

$$CO_2 = 277.93 + 0.40 \times LST + 95.04 \times EVI - 64.32 \times NDVI - 0.89 \times$$

$$FPAR + 2.73 \times LAI - 0.03 \times GPP - 0.004 \times GN \qquad (5-4)$$

该公式是利用 Guo 对碳卫星 Gosat 和 MODIS 卫星的产品进行论证后得到的普遍适用于亚欧大陆的公式。式中 CO_2 为二氧化碳浓度，单位为 ppm；LST（Land Surface Temperature）为地表温度单位是 K；EVI（Enhanced Vegetation Index）为增强型植被指数，无单位；NDVI 为植被覆盖指数；FPAR 为光合有效辐射分量；LAI（Leaf Area Index）为叶面积指数，是单位面积上植被叶片面积与用地面积的比，无单位；GPP（Gross Primary Productivity）为总初级生产力，即单位时间内生物通过光合作用途径所固定的光合产物量或有机碳总量，单位为 Pg（10^{15}g）；GN 为总初级生产力

（GPP）减去净初级生产力（NPP）的值单位为 Pg（10^{15}g）。

式中的数据分别可以从 MODIS 卫星的不同卫星产品获得。为保持时间的一致性，选取的数据均为 2014 年 12 月份的 MODIS 卫星影像图，其中 LST 数据通过地理空间数据云网站（http：//www.gscloud.cn/）下载获取，数据由 MOD11A1 产品经过合成计算得到，为月合成产品，分辨率为 1km；NDVI 和 EVI 同样通过地理空间数据云网站（http：//www.gscloud.cn/）下载获取，均为月合成数据，由 MOD09GA 产品经过反演和合成计算得到，分辨率分别为 500m 和 250m；LAI 和 FPAR 数据通过从 NASA MODIS 官网（https：//ladsweb.nascom.nasa.gov/index.html）下载的 MOD15A2 产品中获取，为 8 天合成数据，分辨率为 1km；GPP 和 APP 数据则通过 NASA MODIS 官网下载的 MOD17A2 产品获取，分辨率为 1km。将获取的数据导入 Arcgis10.0 中使用 Raster Calculator 工具进行计算，获得南宁市二氧化碳浓度分布图（图 5-9）。

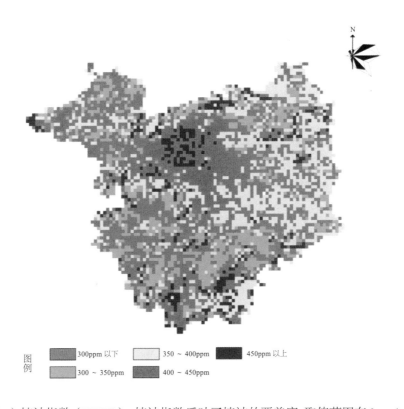

图例
| 300ppm 以下 | 350 ~ 400ppm | 450ppm 以上 |
| 300 ~ 350ppm | 400 ~ 450ppm | |

图 5-9　二氧化碳浓度
分布图

（7）植被指数（NDVI）。植被指数反映了植被的覆盖度，取值范围在 0 ~ 1 之间，数值越大，表示植被覆盖度越大，小于 0 则表示非植物覆盖区。植被覆盖度对植被固碳过程以及岩溶水循环碳汇效应有重要的影响，过高的植被覆盖度不利于二氧化碳气体疏散与吸收造成低效固碳，而过低的植被覆盖度则达不到固碳效果。因此取 0.5 ~ 0.7 赋值最高，其次为 0.7 ~ 1，0 ~ 0.1 为最低。对 2014 年 12 月份的 Landsat8 遥感卫星数在 ENVI5.1 平台进行辐射定标、大气矫正、镶嵌以及裁剪预处理后，利用 NDVI 工具计算获得分辨率为 30m 的南宁市 NDVI 栅格图像（图 5-10）。

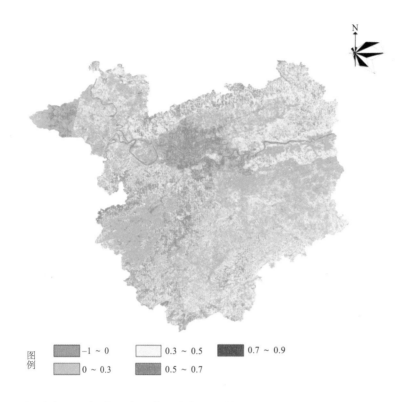

图例　　■ -1 ~ 0　　□ 0.3 ~ 0.5　　■ 0.7 ~ 0.9
　　　　□ 0 ~ 0.3　　■ 0.5 ~ 0.7

图 5-10　植被指数分布图

（8）植被类型。植被群落组成越丰富，单位面积固碳量越高，碳汇效益最佳。南宁位于亚热带低纬度区域，植被组成多为常绿植物，就碳汇效益来说，混交林 > 常绿阔叶林 > 常绿针叶林 > 灌丛林 > 其他，按照排序混交林赋值最高，最低为包括建设用地、裸地、耕地等用地在内的其他区域。MODIS 系列数据产品中，MCD12Q1 是数据根据 Terra 和 Aqua 卫星一年观测得到的数据经过处理得到土地覆盖类型数据，包含了 17 中主要土地覆盖类型，分辨率为 500m。数据包含五个数据集分别采用了 5 种不同的分类方案。根据研究要求，选用 IGBP 的全球植被分类方案数据集，在 Arcgis10.0 平台进行镶嵌、裁剪，获取南宁市辖范围内植被类型分类栅格图像（图 5-11）。

（9）土地利用类型。土地利用类型变化是造成碳排放的主要原因之一，太频繁和太剧烈的土地利用活动不利于低碳发展。当建设用地转化成为生态用地时所产生的碳排放量最大，其次为耕地、园地。因此林地与水域的赋值最高，建设用地赋值最低。土地利用类型数据使用第四章 2014 年南宁 Landsat8 遥感影像监督分类成果（见图 4-7）。

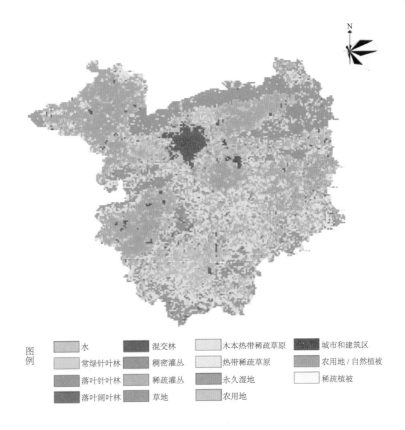

图例

水	混交林	木本热带稀疏草原	城市和建筑区
常绿针叶林	稠密灌丛	热带稀疏草原	农用地/自然植被
落叶针叶林	稀疏灌丛	永久湿地	稀疏植被
落叶阔叶林	草地	农用地	

图 5-11 植被类型分布图

二、南宁市生态系统碳循环过程阻力分析结果

将所有阻力因子数据空间化结果在 Arcgis10.0 平台上按照表 5-6 的赋值对数据进行重分类，将各项阻力因子重分类结果按照权重进行加权叠加运算，按照自然间断点分级法（Jenks），将运算结果按生态用地碳汇适宜性由高到低分成五个适宜级别的生态用地发挥碳汇效益区域，分别为不适宜碳汇区、较不适宜碳汇区、较适宜碳汇区、适宜碳汇区、非常适宜碳汇区（图 5-12）。然后将极度适宜碳汇区作为低安全水平格局，将适宜碳汇区作为中安全水平格局，将较适宜碳汇区作为高安全水平格局（图 5-13）。

三、生态用地低碳安全格局建议

综合考虑影响生态用地碳汇效益的核心因素，对城市边缘区的生态用地空间进行优化布局调整，最大限度发挥生态用地的碳汇作用，形成城市边缘区低碳安全格局。对高安全、中安全、低安全三种不同的安全水平格局的生态用地从规模、布局、开发类别几个方面提出优化策略（见表 5-7）。

（1）低安全水平格局：低安全水平格局是保障边缘区低碳安全的底线安全格局，主要以几个大型斑块分布在西乡塘区、兴宁区、江南区和良庆区，面积约为 51529.58hm²，占市辖区总面积的 7.97%。这个区域最有利于生态用地发挥碳汇作用，碳汇效益极高，是禁止其他用地不可蚕食和逾越的底线。在低安全水平根据范围内，生态用地的优化应当以"提质提量"为主，重点保护原有的林地和水域，提高生态质量，禁止对红线范围内进行开发利用与人为破坏。建议用地类型应当以生态公益林、生态保护区以及一级水源涵养区为宜。优化丰富林地与水域周边的树种配置及密度，提升生态用地单位面积固碳量；加强森林防灾防害以及水资源保护修复的监督与管理。

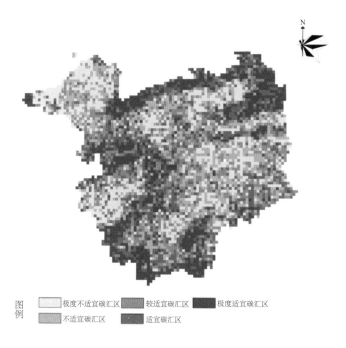

图例　　▢极度不适宜碳汇区　　▨较适宜碳汇区　　■极度适宜碳汇区
　　　　▨不适宜碳汇区　　　▨适宜碳汇区

图 5-12　生态用地碳汇适宜性分区图

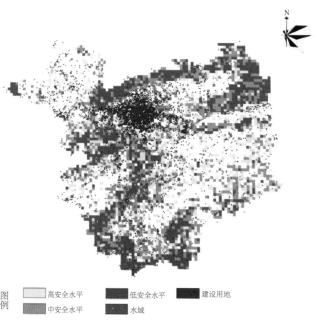

图例　　▢高安全水平　　■低安全水平　　■建设用地
　　　　▨中安全水平　　▨水域

图 5-13　生态用地低碳安全格局

不同安全水平格局优化策略 表 5-7

安全格局水平等级	面积（hm²）	比例	优化策略	建议功能布置
底线：低安全水平	51529.58	7.97%	提质提量：保护原有林地和水域，提高生态效益，禁止对红线范围内进行开发利用与人为破坏；优化树种配置和密度；加强森林灾害防护与水资源保护修护的监督与管理	生态公益林 生态自然保护区 一级水源保护区
满意：中安全水平	176675.96	27.33%	保质保量：对生态用地实施保护和修复措施，只进行局部的调整；造林选择固碳效益好的乡土植物物种，优化植物配置及种植密度；保护水域岸线植被及土壤覆盖层，有计划地对水资源进行开发	郊野公园 湿地公园 防护林 二级水源保护区
理想：高安全水平	198205.54	30.66%	高效增产：注重生态用地的生产效益和经济效益；建议商业林采取混合林的形式，避免植被单一化；采用有效的商业林经营模式，选择优势树种；发展生态鱼塘养殖	经济林 用材林 鱼塘

（2）中安全水平格局：中安全水平格局是保障边缘区低碳安全的满意安全格局，主要以小斑块和线型连接低安全水平格局的几大斑块在西乡塘区、兴宁区、青秀区、良庆区和江南区形成连片的格局，面积约为 176675.96hm²，占市域总面积的 27.33% 左右。这些区域具有较好的固碳潜力，需要重点保护和严格的开发限制。生态用地的优化应当以"保质保量"为主，对区域内的生态用地实施保护和修复措施，限制用地的开发和利用，只进行小范围的调整。生态用地功能的布置应当以郊野公园、湿地公园、防护林和二级水源保护区为宜，在改善边缘区环境的同时满足人类生活需求。尽量选择固碳效益好的乡土植物物种，优化植物配置及种植密度，提高植被单位面积碳汇能力。保护湿地、河流、湖泊岸线植被及土壤覆盖层，有计划地对水资源进行开发。

（3）高安全水平格局：高安全水平格局是保障边缘区低碳安全的理想安全格局，主要以小斑块分布在边缘区各个地方，以江南区、良庆区、邕宁区、青秀区最多，面积约为 198205.54hm²，占市域总面积的 30.66% 左右。这些区域的固碳潜力一般，因此可以根据具体情况进行开发利用。以经济效益为宜，兼顾碳汇功能。在高安全水平格局的范围内，生态用地的优化应当以"高效增产"为主，注重生态用地的生产效益和经济效益。生态用地的功能应当以经济林、用材林、养殖鱼塘为主，在满足经济发展需求的前提下发挥生态效益作用；建议商业林采取混合林的形式，避免植被单一化；采用有效的商业林经营模式，选择优势树种，有计划地对林地进行合理的砍伐、种植，避免大面积砍伐造成的碳流失和碳失衡；发展生态鱼塘养殖。

第五节　边缘区生态用地空间布局优化方案

一、南宁市边缘区生态用地空间结构

依据低碳安全分析结果以及构建的理想模型，结合南宁市交通路网、水系和现有公园绿地，城市边缘区生态用地空间结构优化采取"环、网、楔、斑块"有机结合的形式，强化南宁市自然山水格局，形成"四环八楔、三横七纵、多斑块串联"多层次、成网络、功能复合的生态用地空间结构（图5-14）。

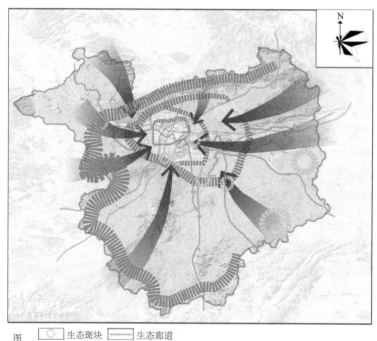

图例　⬭ 生态斑块　‧‧‧‧ 生态廊道　▥ 生态环带　➤ 绿楔

图 5-14　南宁市生态用地空间结构规划图

（一）四环：形成层层渗透的城市束缚带与生态碳汇层

利用中心城区外围快速环道（厢竹大道、秀厢大道、白沙大道、沙井大道、竹溪大道）两侧布置防护林，形成环绕城市的第一层绿环，能够有效控制改善中心城区的气候环境并框定中心城区范围。绿环与中心城区相思湖公园、动物园、明月湖公园、花卉公园、狮山公园、药用植物园、民歌湖风景区、青秀山风景区等公园绿地进行串联，形成一条舒适绿色环城绿色游线。

沿兰海高速、南友高速、逛昆高速以及外环高速两侧布置高速路防护林，并与郊野公园带状防护绿地组成南宁市近郊的第二第三层绿环，绿环东南侧与东北侧局部适当降低防护林宽度，减少东南风与东北风吹向中心城区的阻力，适应风向形成城市内

边缘区的双重防线。位于内边缘区是受城市扩张影响最剧烈的区域，因此近郊的双层绿环有助于控制城市的无限制蔓延，成为强有力的束缚带，引导城市跳跃式扩张。同时，位于高速路两侧的防护林能够快速吸收高速公路行驶的汽车以及位于城市边缘区的工业集中区排放的二氧化碳气体，形成有效的碳汇层。

结合南宁市辖区北部高峰岭、西部凤凰山以及南部七坡高丘陵的商品林、生态公益林与森林，形成大片环绕在外边缘区南面、东面、北面的连绵不断的半环形绿带，迎合主导风向，留出东部开口，成为南宁市围绕在最外围的最后一道碳汇屏障，有效吸收由建成区吹来的二氧化碳气体。

（二）八楔：形成连接绿环的连接带与隔离带

根据低碳安全格局分析结果，通过修补组合外边缘区大型林地、水域斑块以及内边缘区和建成区的大型公园绿地，顺应地势，在市辖区范围内形成八个层层渗透入建成区的绿楔，从八个方向对四环进行连接，并有效形成放射状的绿化隔离带。加大生态用地与建设用地的接触面积，并向中心城区输送新鲜空气，改善城市热岛效应；奠定了边缘区的生态用地基底，不仅有效保护边缘区山水格局，避免边缘区林地与水域破碎化，维护生态系统的稳定，保证了生态用地的最佳固碳状态，还预防了未来城市发展走"摊大饼"的老路子，避免卫星城之间无序扩张连成一片。

（三）三横七纵：形成连通各生态要素的廊道骨架

结合城市主要路网及水体，布置沿街绿化以及沿河绿带，形成"三横七纵"的廊道网络连通城市边缘区与中心城区。三横由邕江绿廊、广昆高速大道绿廊（途经大学东路、北大北路、民族大道）、五象大道绿廊组成，形成串联金沙湖风景区、相思湖公园、明月湖公园、南湖公园、五象岭森林公园以及青秀山风景区，并连接绿环的三条东西向绿廊。七纵由相思湖绿廊、明月湖绿廊、邕武友谊绿廊（途经望园路、中华路、永和路、南建路）、昆仑机场高速绿廊（途经明秀西路、壮锦大道）、青山平乐大道绿廊、南北高速绿廊组成，形成串联狮山公园、药用植物园、良凤江森林公园、青秀山风景区，并连接绿环的七条南北向廊道。"三横七纵"形成了连通各生态要素的廊道骨架，并顺应主导风向形成通往生态用地密集区的廊道，引导中心城区排放的二氧化碳向生态用地密集区移动，有效提高生态用地单位面积的固碳速率与固碳量。

（四）多斑块：形成实现区域平衡的调节点

在建成区上风向方向区域，结合适宜生态用地发挥碳汇效益的关键点位置，灵活布置多块郊野公园、森林及商品林，形成散布在区域范围内的多块绿色斑块。因斑块的布置比较灵活，这些斑块能够在不影响风吹入中心城区的前提下，填补上风向为留出风口而产生的生态用地空白的区域，有效调节区域的局部气候，实现生态用地的分配均匀，推进区域碳排碳汇的平衡。

二、南宁市边缘区生态用地布局优化

因区域生态是一个相互联系的系统，城市边缘区生态用地的优化应当结合城市中心城区的绿地系统来统一进行规划。按照生态用地的功能，划分为四类碳汇保障布局控制线如图 5-15 所示，分别为生态修复控制线、生产保障控制线、防护林地控制线和公园绿地控制线。如表 5-8 所示，规划后，市域范围内划定的碳汇保障控制线面积约为 347132.77hm^2，约占市辖区面积总用地的 53.71%，生态保护控制线面积约为 164473.90hm^2，占 47.38%，生产保障控制线面积约为 164473.90hm^2，占 47.38%，防护林控制线面积约为 19176.82hm^2，占 55.24%，公园绿地控制线面积约为 18318.99hm^2，占 5.01%。其中边缘区范围内划定的碳汇保障控制线面积约为 342125.15hm^2，占市辖区总用地的 52.53%。

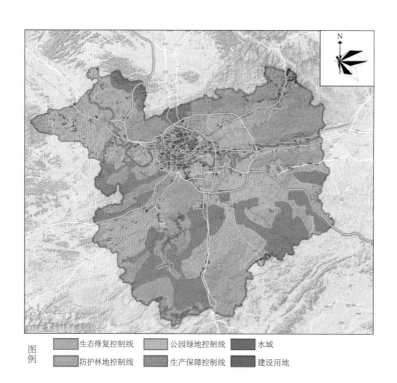

图例　□ 生态修复控制线　□ 公园绿地控制线　■ 水域
　　　□ 防护林地控制线　□ 生产保障控制线　■ 建设用地

图 5-15　南宁市生态用地布局控制线

南宁市生态用地布局控制面积统计   表 5-8

分类	面积（hm^2）	比例（%）
公园绿地控制线	18319.99	5.01
生态修复控制线	180473.87	49.39
生产保障控制线	135163.08	36.99
防护林地控制线	31446.97	8.61
总计	365403.91	100

（一）生态修复控制线

将低碳低安全水平格局与中安全水平格局的集中区范围划定为生态修复控制线，作为主要发挥生态修复功能的生态用地红线范围，包括：北部高峰岭低山群；东部狮子岭低山群和青龙岭低山群；南部大王滩水库核心区域、马鞍山范围、凤亭河水库核心范围、屯六水库核心区域、吞来岭群岭、大王山；西北面芭笔山；西部大明山、左右江交汇处、雷树岭群岭、龙潭水库核心区域、同新大王岭。生态修复控制线内布置碳汇能力较强的生态自然保护区、森林公园核心区、一级水源保护区、经济公益林和重要湿地等生态用地类型，直接划入禁止建设区进行管控，并进一步提高控制线内的生态质量。对于原有的自然森林与自然湖泊进行就地保护，建立健全保护机制和监督管理，禁止一切生产和建设行为，保护原生树种并适当对植物种群结构进行优化，乔木灌木草本植物合理搭配，增加植被多样性。整顿红线内原有林场，推动国有林场改革，转变经营方式，使用生态公益林逐步替代原有用材林，扩大森林资源，提高森林质量。而对于红线范围内已作为休闲开发的区域，做好生态敏感性评价，进行重新整顿与治理，加强空间管制，做好空间管制工作，优化内部功能，保护好生态修复核心区。

（二）生产保障控制线

将位于主导风向上风向及两侧的高碳高安全水平格局集中区划定为生态修复控制线，作为主要行使农林生产功能的生态用地红线范围，包括：北面高峰岭局部、龙山低山群；西面七坡林场、渌银岭；南面大王滩水库、凤亭河水库、屯六水库、英雄水库周围缓冲地带；东南面群岭。生产保障控制线内布置碳汇能力相对较弱的用材林、经济林、鱼塘等以生产功能为主的生态用地类型，充分发挥生态用地的生产潜力，提高经济效益。在红线范围内，调整林地树种和树龄结构，采用林果混交林、针阔混交模式造林。经济林因注重市场需求，选择种植优质、高产的经济作物，培育名、特、优新品种。用材林合理控制速生桉的种植，推进马尾松林的阔叶化改造，将马尾松林改造成以阔叶树种为主要树种的阔松混交林。用材林尽量选用固碳潜力高的树种如合欢、栾树、香樟等，采取有效的生产管理模式，推进生态鱼塘改造，有计划地对用材林进行合理的砍伐、种植，及时进行树种更换、因地制宜确定好造林密度，避免粗放的生产方式造成生态用地失汇。

（三）防护林地控制线

将高速公路、城市主要道路、天然河流、二级水源保护区周围缓冲区划定为防护林地控制线，作为主要发挥防护功能的生态用地红线范围。包括"三横七纵"沿路沿河绿廊以及罗伞岭水库、那文水库、峙村河书库、老虎岭书库、东山水库、义梅水库、定龙水库等二级水源保护区。防护林地控制线内主要布置生态走廊、近郊绿环、生态间隔带、水源涵养林等生态用地类型，划入限建区进行空间管制。优化防护林树种结构，对防护林宽度进行控制：对外高速公路两侧防护林各宽度不小于30m，乔灌木合理搭配，树种选用耐干旱、抗逆性强、有效吸收二氧化碳的乡土树种如合欢、刺槐、栾树、夹竹桃等；水源涵养林宽度不少于100m，树种维持多样性，禁止种植速生桉等破坏水质、引发水土流失的树种，采取针阔混交林的形式，选择根量多、根域广、林冠层郁闭度高的树种为主要树种，并考虑伴生树种和灌木，以形成混交复层林结构；而城市道路两侧的防护绿地宽度不小于8m，在树种选择上结合城市慢行系统规划，选择观赏性良好、树冠大、能有效吸收二氧化碳的乔木，并搭配耐受性良好的灌木与草本，营造舒适良好的绿色出行环境；沿河不宜在河道水系中新建永久性的水工建筑物，包括混凝土坝、浆砌石坝、堆石坝、橡胶坝等，应根据河流天然走向来布置沿河防护带，避免随意改变原有的河流形态。

（四）公园绿地控制线

将外环高速范围内沿路、沿河的低碳高安全水平格局集中区划定为公园绿地控制线，作为主要发挥休闲游憩和教育科普功能的生态用地红线范围，有计划地进行开发利用。包括钩头岭、六黎山、八尺江沿岸、九曲湾、平乐大道南宁绕城高速交汇处、青草岭、小鹰岭、三津港沿岸等生态用地斑块。在红线范围内，主要布置森林公园、风景名胜区、湿地公园、滨江公园等公园绿地类型，组成位于靠近中心城区、交通便利的城市郊野公园。郊野公园开发要计算好生态承载力，控制开发量，尽量保护原生树种，利用原有的自然要素，维护原有的生态结构优先选用固碳能力强、适应性良好的本地乡土树种对公园；做好湿地、动物栖息地等核心区的管制保护工作，根据郊野公园不同的功能需求，合理布置功能分区与游玩线路进行相应的空间管制，使生态碳汇功能与休闲游憩功能相协调、互不干扰，将人为活动对生态用地的固碳作用的影响干扰降到最低；与城市绿廊相结合，合理布置交通换乘、综合服务等配套设施，为人们低碳出行提供可能。

三、南宁市边缘区生态用地优化用地对比

优化调整后，统计得到南宁市生态用地调整图（图5-16）与生态用地调整表（表5-9）。生态用地面积由323882.14hm²增加到了347132.77hm²，调出生态用地25339.75hm²，调入48590.38hm²，总面积增加了23250.63hm²，占比由50.12%提高了到了53.72%，共提高了3.6个百分点。其中，西乡塘区生态用地面积增加了3658.02hm²，约调入7129.96hm²，调出3471.94hm²；兴宁区生态用地面积减少1407.73hm²，调入3753.64hm²，调出5160.36hm²；青秀区生态用地面积增加2058.74hm²，调入656995hm²，调出4511.21hm²；邕宁区生态用地面积增加 3397.27hm²，调入 776507hm²，调出 5095.09hm²；良庆区生态用地面积增加 4367.81hm²，调入 1306876hm²，调出 5095.09hm²；江南区生态用地面积增加了 7569.37hm²，调入 10303hm²，调出 2733.55hm²。内边缘区调出的生态用地主要分布在位于东北部和东部的兴宁区、青秀区三个区内，调入的生态用地主要分布在东部、东南部的青秀区和邕宁区；外边缘区调出的生态用地则主要分布东北部、东部和东南部的兴宁区、青秀区、邕宁区、良庆区四个区内，调入的生态用地主要分布在南部、西部、西北部的良庆区、江南区和西乡塘区。整体上看，东半区为生态用地的主要调出区，西半区则为生态用地的主要调入区。

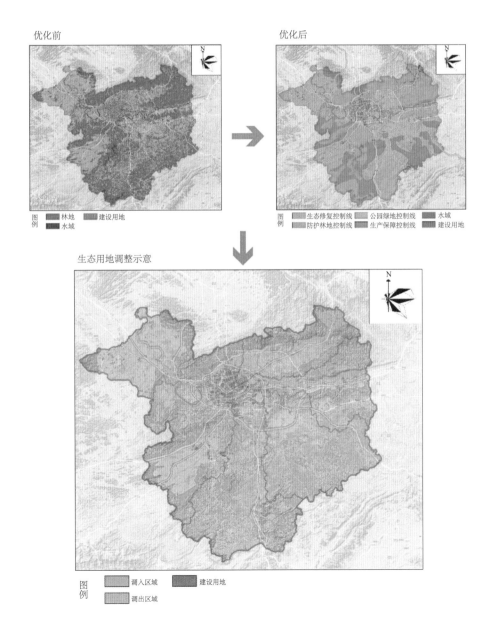

图 5-16　边缘区生态用地优化前后变化

生态用地调整面积统计（单位：hm²）   表 5-9

行政区	调出		调入		变化
	面积	比例	面积	比例	面积
西乡塘区	3471.94	13.70%	7129.96	14.67%	3658.022
兴宁区	5160.36	20.36%	3753.64	7.73%	-1406.73
青秀区	4511.21	17.80%	6569.95	13.52%	2058.74
邕宁区	4367.81	17.24%	7765.07	15.98%	3397.27
良庆区	5095.09	20.11%	13068.8	26.90%	7973.68
江南区	2733.35	10.79%	10303	21.20%	7569.65
总计	25339.7	100.00%	48590.4	100.00%	23250.63

参考文献

[1] 郭月峰. 小流域防护林碳汇效应及空间配置研究 [D]. 内蒙古农业大学，2014.

[2] 万尘心，万艳华，曹哲铭. 我国大城市理想生态空间网式结构模式解析及优化 [J]. 规划师，2015，07：87-91.

[3] 郭荣朝，顾朝林，曾尊固，姜华，张韬. 生态城市空间结构优化组合模式及应用——以襄樊市为例 [J]. 地理研究，2004，03：292-300.

[4] 郭荣朝，苗长虹，夏保林，李军甫. 城市群生态空间结构优化组合模式及对策——以中原城市群为例 [J]. 地理科学进展，2010，03：363-369.

[5] 姚春生，张增祥，汪潇. 使用温度植被干旱指数法（TVDI）反演新疆土壤湿度 [J]. 遥感技术与应用，2004，06：473-478.

[6] 覃志豪，Zhang Minghua，Arnon Karnieli，Pedro Berliner. 用陆地卫星 TM6 数据演算地表温度的单窗算法 [J]. 地理学报，2001，04：456-466.

[7] Meng Guo，Xiufeng Wang&Jing Li etc.Assessment of Global Carbon Dioxide Concentration Using MODIS and GOSAT Data [J]. Sensors 2012，12：16368-16389.

低碳的城市边缘区是以城市空间为载体，发展低碳经济，实施低碳交通，大力发展绿色建筑，从而达到最大限度减少温室气体排放的地域。而边缘区内的建设用地是产生二氧化碳的源头，控制建设用地是遏制城市高碳的重要途径。如何通过合理控制建设用地数量，优化建设用地形态，调整建设用地布局，减少整个城市碳排放，成为刻不容缓的基础研究课题[1, 2]。以南宁市边缘区建设用地为研究对象，把南宁发展最快的2000~2014年作为研究时间段，探究建设用地的规模、形态和分布与南宁边缘区二氧化碳浓度分布的关系，寻找城市边缘区建设用地低碳规划途径。

第一节　边缘区建设用地的规划要素

城市边缘区建设用地的空间布局是受众多要素影响的。本书试以边缘区建设用地的分类为切入点，结合现有遥感卫星片的精度，将众多影响因素归纳为 3 个大类，22 个小类予以介绍 [3-5]。这三个大类主要按照要素受人为影响的程度进行划分，分为人工规划要素、半人工规划要素和自然要素（见表 6-1）。而这 22 类影响要素不一定与低碳有关，其后还要通过具体分析筛选出影响低碳的城市边缘区的规划要素。

影响边缘区的 22 个规划要素表   表 6-1

人工规划要素	城市结构形态	历史文脉	标志性建筑	居住小区	大型商业综合体	入侵时序
	交通节点	城市外环	边缘区内部路网	手工作坊和临时仓库	大型厂区	
半人工规划要素	活动小广场	停车场				
自然规划要素	小型街头绿地	道路绿地	大型郊野公园	自然山体	防护林	经济林
	小型池塘	城市内湖（河）	过城的江河			

一、人工规划控制要素

城市是一个受人为影响极深的群落，群落内部有大量人工要素影响着建设用地的规模、结构和形态。城市的结构是十分复杂的，其复杂性不仅体现在其构成要素众多，也反映在城市各要素间的相互作用，其中城市沿革对边缘区的影响就是其中之一，在繁杂的沿革影响要素中可归纳为 2 个要素：城市结构形态和历史文脉对建设用地的影响。城市结构形态主要是通过不同的城市布局体现，常见的城市形态布局有连片型、扩散型、独立型、蔓延型、卫星型等城市形态。不同的布局类型对应边缘区的用地规模、边缘区的紧凑度和边缘区的形态也会不同，进而对边缘区带来不同的影响。而历史文脉的影响主要体现在人们基于传统习俗上的审美，比如用地的轴线布置和对称布置。

居住、商业、公管和交通用地是城市建设用地的核心用地，也是以满足人的需求而营建的用地，是典型的人造环境。居住用地、商业用地和公共管理用地是城市的主要用地，构成了城市结构的骨架，同时随着边缘区的发展，边缘区内的非城市建设用地也将逐渐演进成这 3 类用地，可见其对边缘区的巨大影响，其影响要素可细分为标志性建筑、居住小区、大型商业综合体、行政办公楼或大院和入侵的时序。标志性建筑作为城市的门面可能会布置边缘区入城道路的两侧，大尺度的标志物改变了原有的空间环境，进而影响到边缘区其他建设用地的布局。居住小区既是一类先锋用地的类型（即很多边缘区城镇化的推进依赖于新楼盘房地产的开发），也是较为稳定的用地，房屋产权年限为 70 年，即在 70 年的过程中，该用地都会以住宅小区的形态存在。大型商业综合体因巨大的占地面积无法负担市中心昂贵的地价而选址都在边缘区靠市中心一侧，即保证足够的客源也带动了周边边缘区的其他业态。这 3 类的要素对边缘区的用地结构影响巨大。而用地入侵的时序指的是在边缘区非城市建设用地向建设用地演替中，用地出现的时序。传统的规划要素强调实体的三维要素，而时序要素的引入则增加了四维要素（时间维）对边缘区的影响。交通用地也是边缘区中极为重要的一类用地，起到了有机串联上述各要素的作用。其对边缘区的影响可归纳为交通节点（枢纽）、城市外环和边缘区内部的路网。其中交通节点（枢纽）和外环的范围起到了限制城市边缘区扩张的作用，而边缘区内部的路网结构和路网密度则影响边缘区整体的用地布局和结构形态。而工业仓储用地是人类进行生产的区域，也是典型的受人为干涉色彩浓厚的用地，用地囊括了产品的生产、储存和转运等环节，包括了手工作坊和临时仓库要素和大型厂区要素。同时由于边缘区比城市中心区的地价便宜，又比乡村地区更接近消费市场，所以边缘区也承载了大量的工业和仓储业。而随着边缘区的进一步城镇化，又变成了城市的下一个中心区，这些业态又将不能维持昂贵的地租而搬迁至更远的下一个城市边缘区中。手工作坊和临时仓库虽然占地规模很小但数量巨大，且易于调控，如何通过有序地规划小作坊和临时仓库的布局对于边缘区的用地布局起到非常关键的作用，而另一类就是大型厂区的选址，大型厂区面积巨大，除了影响边缘区建设用地的面积外，其对边缘区的各类业态都有较大影响，故也成为一个影响边缘区的要素。而工业仓储的入侵时序、工业仓储单体的形态和工业仓储单体的色彩同样也影响着边缘区的用地布局，成为规划边缘区不可或缺的规划要素。

二、半人工规划控制要素

虽然大部分的建设用地都受到了很强的人为干预，但是城市内部也有一部分用地受到的人为影响较少，比如广场用地。这类用地的部分进行了硬化处理，同时作为建设用地的一部分也承载着辅助人们生产和生活的功能，这体现了其人工性。但是部分用地仍有绿化和植被，且表面露天无建筑物，体现了其自然属性。这类用地中按照使用功能不同包括了活动小广场和停车场等规划要素。停车场以人工硬化为主、绿地覆盖为辅主要是解决车辆的停靠。停车位数量决定了主城到边缘区的交通可达性，进一步决定了主城到达边缘区人流和物流的数量，进而影响边缘区的发展。而娱乐休闲的小广场则以绿地覆盖为主、人工、硬化为辅，承载着小区居民和村民休闲娱乐的功能，决定该边缘区的居住生活的品质，也成为另一个决定边缘区的规划要素。

三、自然规划控制要素

虽然绿地、林地和水域并不是城市建设的主要用地类型，但是这些用地却起着丰富边缘区景观和愉悦人类身心的重要作用。将边缘区的绿地细分可分为小型街头绿地、道路绿地、大型郊野公园和自然山体等要素。其中小型街头绿地和道路绿地起到了点缀城市空间，连接其他生态用地和阻隔噪声等作用。而大型郊野公园和自然的山体则是城市的绿肺，吸收大量有毒有害气体并释放氧气。这些都对边缘区的生态环境起到不可替代的作用。林地虽然不属于建设用地中，但确在城市边缘区的范围内客观存在，不可忽略，可细分为防护林、经济林 2 个规划要素，其具体对边缘区的影响机制可见本书生态用地布局的相关篇章。

水域对边缘区的影响可以通过 3 个要素体现：小型池塘、城市内湖（河）和过城的江河。城市内湖（河）和过城江河的水量是边缘区发展的限制因素，限制其规模，限定其界面而小型的池塘则增加了边缘区内部的生态多样性，丰富了边缘区景观。但实际规划中很难对水域的现有格局进行大规模的改变，只能以疏导保护为主。

第二节　边缘区低碳规划要素的特征

以上所列的是可能影响边缘区的规划的普适要素，但是如果只以低碳为切入点则未必上述要素都对实现研究区域的低碳目标有帮助，且未必所有研究区域都含有上述的所有要素。所以在实际的规划用地布局中要有一个完整的筛选体系对这些规划要素进行筛选，选取后的要素势必对规划区的低碳目标起直接作用。根据这个要求，整个筛选体系就可以分为两个部分，第一部分是对规划区内建设用地分析与评价，即建设用地分布演替的分析。建设用地始终是边缘区用地规划的重点，是用地规划的载体。第二部分是对规划区二氧化碳浓度的解译，即碳浓度分布的分析。所入选的要素要符合一个要求：低碳规划要素要通过影响边缘区建设用地的布局进而影响边缘区二氧化碳的浓度。所以为了凸显本方法论的可操作性，现以南宁市边缘区为例，进行南宁边缘区用地和碳浓度演替分析。

一、边缘区用地的分布与演替

（一）边缘区用地的分布

在对建设用地的特征进行归纳之前，要对研究区建设用地的历史演替进行深入的研究，本章为了更加准确地提取历史上建设用地分布，主要采用以 NDVI（植被差异化指数）来区分碳排用地（建设用地）和其他碳汇用地。提取 2000 ~ 2014 年每年夏季 6 月、7 月和 8 月的遥感片，由于在该时期非建设用地基本已有植被覆盖

（NDVI>0.4），而水体的 NDVI 值小于 0.05，因此只有未利用地、裸地和建设用地的 NDVI 在 0.05 ～ 0.4 之间。根据南宁市 2014 年遥感解译的建设用地，制定出南宁城市边缘区基本范围，建设用地为 NDVI 在 0.05 ～ 0.4 的用地，且在城市边缘区范围内，未利用地和裸地较少，故符合要求的用地都可近似为该年的建设用地。

2000 ～ 2014 年，南宁边缘区建设用地的分布见图 6-1 和表 6-2（以每年 7 月的

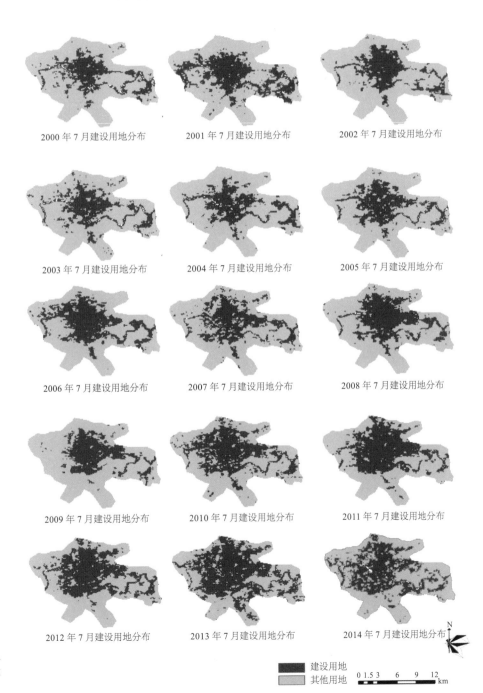

2000 年 7 月建设用地分布　　2001 年 7 月建设用地分布　　2002 年 7 月建设用地分布

2003 年 7 月建设用地分布　　2004 年 7 月建设用地分布　　2005 年 7 月建设用地分布

2006 年 7 月建设用地分布　　2007 年 7 月建设用地分布　　2008 年 7 月建设用地分布

2009 年 7 月建设用地分布　　2010 年 7 月建设用地分布　　2011 年 7 月建设用地分布

2012 年 7 月建设用地分布　　2013 年 7 月建设用地分布　　2014 年 7 月建设用地分布

图 6-1　2000 ～ 2014 年 7 月南宁边缘区建设用地分布

■ 建设用地
▨ 其他用地

0 1.5 3　6　9　12 km

建设用地面积作为该年的面积）。2000 年建设用地在边缘区内为 175.43km²，而到 2014 年建设用地已为 279.69km²。不难发现建设用地的数量从 2000～2014 年仅 14 年，就增长 104km²，这 14 的年均增长速率为 3.39%。虽然建设用地的数量可能受到不同时期天气的影响，但是总体而言 2000～2005 年间建设用地较少在 200km² 以下（除 2001 年和 2002 年）而 2006～2014 年稳定在 280km² 左右，趋势呈现整体上升的态势。以上是对南宁建设用地历史数据的分析。

南宁市边缘区建设用地变化（单位：km²）   表 6-2

时间	2000 年	2001 年	2002 年	2003 年	2004 年
建设用地	175.4375	246.8125	244.9375	185.25	182.9375
时间	2005 年	2006 年	2007 年	2008 年	2009 年
建设用地	196.6875	245.375	216.625	241.125	191.5
时间	2010 年	2011 年	2012 年	2013 年	2014 年
建设用地	277.125	292.375	283.1875	365.1875	279.6875

对于规划现状的获取，现行的有两种方法，一个是通过规划部门获得相应的现状资料，此种方法可以获得较为详细的用地信息，但是由于信息滞后，更新缓慢，所以很难得到当年的现状资料，所以二是遥感解译的方法，也是本研究使用的方法，从地理空间数据云（www.gscloud.cn）中获得 Landsat 8 卫星 2015 年 10 月的卫星片，云量为 0.7% 通过 IDRISI 17.0 遥感软件的非监督分类，分为 4 个大类：分别是建设用地、水域、林地和其他用地。而建设用地再进行细分，分为居住和商业用地、仓储及工业用地和广场及开敞空间。而本次规划的主要对象也是这 3 类城市边缘区内的建设用地。而综合 3 类用地的分布，在 2014 年边缘区的基础上绘制出 2015 年南宁的边缘区的用地分布现状，见图 6-2。

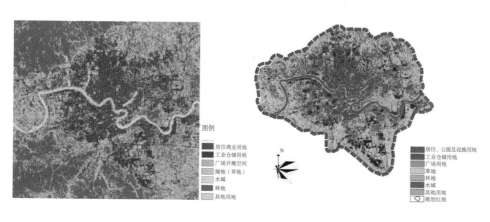

图 6-2 规划区的现状用地分布

专栏 6-1　南宁建设用地的发展动力

南宁与其他城市存在着明显的共性，经济发展、人口增长、城镇化、自然条件、区位条件、国家宏观政策等都影响着城市建设用地的发展动力。自然条件和区位条件是设置城市的首要因素，一般城市的位置设置在交通要道的交汇处，或者是水源充足、土地富庶的位置，优良的地理条件是城市发展的基本保障，而设市时间较早则为城市的发展起到了先发优势作用，但是随着基础设施如道路、机场的建设和运输管道等服务设施的完善，自然条件和区位条件的重要性也在不断弱化。长期以来，南宁一直是广西的政治中心，政策因素对南宁建设影响力不容忽视。从早期南宁向东发展的指令性调控到后期政府主导的宏观调控和政策创新都引导着南宁碳排用地发展的方向和速度。但是随着市场经济的引入，市场经济取代政令对南宁的建设发展起到主导作用也对南宁建设用地布局的控制力不断增强，影响布局的方式主要体现在对资金和对劳动力的引导。2000 ～ 2006 年建设用地的扩张的速度极快，且主要以大规模的厂房和中低端的商品房、宿舍集中建设为主。2007 ～ 2010 年，大量社会资本涌入工业和制造业，大量的城市之外的剩余劳动力融入城市。而随着第三产业带来更大的利润，社会资本和人力资本转入服务业，地价的上调，造成了城市周边原本的工业区经历了关停转并的结局，新兴工业园区也以飞地的形式在城市边缘区外部集中布置。而城市以退二进三的方式引入了第三产业，如各种 soho、办公楼和城市综合购物中心如雨后春笋在南宁中心城区挺立。而现今的南宁发展动力也由以市场动力为主变为复合动力共同推进的模式，具体见下表。

	古代	前工业化	工业化	后工业时期	现今
自然，区位条件	决定性要素	重要要素	重要要素	次要要素	重要要素
政策调控	重要要素	决定性要素	次要要素	重要要素	重要要素
市场驱动	次要要素	次要要素	决定性要素	决定性要素	重要要素

（二）边缘区建设用地的扩张模式

碳排用地的演化过程伴随着建设用地内部各要素的相互作用和建设用地与其他用地间相互作用的过程。把握南宁碳排用地这样一个复合多层次的演化，必须以定量的方式衡量各个阶段城市的发展。对于城市规划而言，定量描述碳排用地的规模和用地的空间布局都是极其重要的。建设用地的规模主要通过以下指数,建设用地具体的数量，建设用地占边缘区的比例 PLAND（Percentage of Landscape）和 LPI 最大斑块占景观面积比例（Largest Patch Index）进行描述。而空间格局的定义主要通过空间布局的形态和空间布局的聚集程度来决定，其中空间布局的形态主要通过形态指数（Shape Index）和分维度指数（Fractal Dimension Index）进行描述，而碳排用地的空间布局的聚集程度主要通过丛生指数（Clumpiness），聚集指数 AI（Aggregation Index），相似邻近比例指数 PLADJ（Percentage of Like Adjacencies）和连接性指数（Cohension）进行分析。将 2000 ~ 2014 年的夏季（6 月、7 月和 8 月）的建设用地布局导入 Fragstats 软件中，为了得到更客观的结果取三个月各个指数的平均数进行分析，获得附表 1。为了便与比较先选取具有代表性的年份划分三个时间段，具体见表 6-3 和表 6-4。

南宁 2000 ~ 2013 年不同年代碳排碳汇用地空间演替分析　　　　　　　　　　　　　　　　　　表 6-3

时间	建设用地面积（km²）	形态指数	聚集指数（%）
2000 年	146.0000	1.3275	96.4379
2004 年	172.0625	1.3208	95.7198
2009 年	250.3125	1.4144	95.6956
2013 年	305.4375	1.4813	94.7823

南宁 2000 ~ 2013 年不同时间段碳排用地空间演替分析　　　　　　　　　　　　　　　　　　表 6-4

时间	年平均增长	形态指数变化	聚散指数变化（%）	特征
2000 ~ 2004 年	6.515km²	−0.0067	−0.7181	建成区碳排碳汇用地格局基本形成，该时段主要以建设强度增加为主
2004 ~ 2009 年	15.650km²	0.0936	−0.0242	建成区碳排碳汇用地演替变化最为激烈的时段，主要以用地扩张为主
2009 ~ 2013 年	13.783km²	0.0669	−0.9133	建成区碳排碳汇用地演替趋于缓和，该时段主要以产业结构调整为主

　　2000 ~ 2004 年，其形态指数从 1.3275 下降至 1.3208，变化了 −0.0067，而聚集指数也略有下降（从 96.4379% 下降至 95.7198%），说明在该阶段城市碳源用地的形态呈现不规则无序化，聚集度也略有下降，且建设用地的增长率并不高（年均增长为 6.515km²），说明该时间段内的增长是小规模无序的增长，只是见缝插针地将原本的非建设用地转化为建设用地。在 2004 年至 2009 年中建设用地的增长较快，且用地形态趋于规则（形态指数从 1.3208 增长为 1.4144，增长了 0.0936）而聚集程度则略微下降（95.7189% 下降至 95.6956%，下降了 0.0242%）且建设用地规模增长迅猛（年均 15.650km）说明此时城镇化动力十足，土地较为低廉使得短期城镇化过热增长，且建设用地规整，说明城市扩张是规划设计的结果，由于城中村等拆迁原因或出于城市飞地的考虑聚集指数进一步下降，因此该阶段最为明显的特征就是用地的急速扩张。而在 2009 ~ 2013 年，形态指数依然保持增长，说明建设用地的形态更加规整，

且聚集指数进一步下降（从 95.6956% 下降至 94.7823%，减少了 0.9133%），也暗示着建设用地的扩张在有田地和宅基地的发展方向上发展受到严重阻抑，且从城市的整体布局上更加重视了原有飞地和卫星城镇的建设，而在建设用地增长的数量上则略微放缓（仅为年均 13.783km²）则反映南宁整体的城镇化不仅仅是数量的城镇化同样也是质量的城镇化，建设用地使用用途的转型悄然诞生。

二、边缘区碳浓度的分布与发展

（一）边缘区碳浓度的分布

本节重点讲的是建设用地内的碳排情况，虽然建设用地既有碳汇作用也有碳排作用，但是综合而言还是碳排作用占更重要的地位。而低碳导向下的建设用地规划最终就是建设用地碳排的规划。而碳排的规划不同于其他的规划，二氧化碳的排放是看不见摸不着的，如何了解碳排的情况就是观测的前提和基础，哪里排放的多，哪里排放的少就是规划中最为重要的部分。只有清楚地知道具体地点碳排放量的现状才能有的放矢进行规划。二氧化碳的排放浓度可利用第五章公式（5-4）进行反演，其中地表温度可以从 MOD11C3（8 天更新一次，空间分辨率为 1000m）获取；植被覆盖情况中的增强植被指数和植被差异化指数可以从 MOD13C2（16 天更新一次，空间分辨率为 50m）获取；植被叶片指数（LAI）和冠层辐射分量（FPAR）可以从 MODI5A2 卫星产品获取（8 更新一次，空间分辨率为 1000m）；植被初级生产能力可以从 MOD17A2（8 天更新一次，空间分率为 1000m）获取，植被净生产能力可以从也可以从 MOD17 中获得年净固碳量。

虽然相关研究显示碳浓度最强的是一年的 3 月和 4 月，但为了能很好地提取建设用地所以选取 2000 ~ 2014 年每年的夏季即 6 月、7 月和 8 月，共 15×3= 45 个月。该时间段内位于城市边缘区的非建设用地即碳汇用地都有植被覆盖，在遥感片的提取和解译中容易对建设用地和其他用地进行很好的区分，故选用每年的夏季作为解译的重点时间段，经过相同月份不同日期卫星片的叠加和对南宁边缘区的裁剪统计，得到 2000 ~ 2014 年每年 6，7 和 8 月的市域范围内和南宁边缘区的碳浓度分布。现选取有代表性的时间节点 2000 年 6 月，2004 年 6 月，2009 年 6 月和 2013 年 6 月（2013 年与 2014 年的变化不大，且质量较好，故取 2013 年研究）对南宁市边缘区碳浓度布局分析并在图中体现碳浓度的变化，见图 6-3。

（二）边缘区碳浓度的发展

（1）低碳区退出城市中心

2000 年之前，南宁边缘区破碎化程度比较高，边缘区内部含有一些低碳区（碳浓度小于 410ppm 的区域）。中心区内的低碳区主要是较为宽阔的江面（位于青秀区），

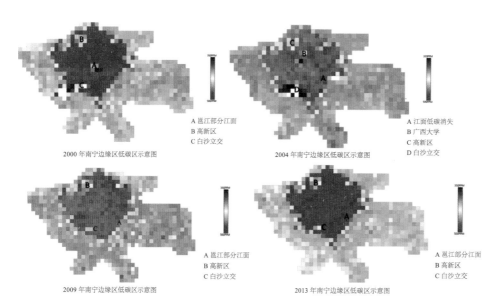

A 邕江部分江面
B 高新区
C 白沙立交

2000 年南宁边缘区低碳区示意图

A 江面低碳消失
B 广西大学
C 高新区
D 白沙立交

2004 年南宁边缘区低碳区示意图

A 邕江部分江面
B 高新区
C 白沙立交

2009 年南宁边缘区低碳区示意图

A 邕江部分江面
B 高新区
C 白沙立交

2013 年南宁边缘区低碳区示意图

图 6-3　2000 ～ 2013 年低碳区示意图

而临近城市边缘的高新区（位于西乡塘区）部分也是当时碳排放量比较低的区域。江面本身没有居住和商业使得碳排放量较低（A 点），而高新区（B 点）当时尚未开发，包含有大量村庄的农用地也一定程度地降低了该区域的碳浓度。而另一个区域位于白沙立交周边（位于江南区）主要位于当时的平阳村和新塘村（C 点），也是城中村的用地阻抑了该区域碳浓度的升高。而在 2004 年之后，由于沿邕江两岸的建设日益完善，使得江面之上的碳浓度也日益升高，城市原有的低碳区消失。而南宁最中心的低碳区域也集中在了广西大学等绿化较好、容积率较低的高校校园中，逐渐远离了南宁的中心区。而高新区（C 点）和白沙立交（D 点）依旧属于低碳区，村庄的生产用地依然对低碳起着较好的作用。

（2）城市高碳中心化

2004 ～ 2009 年，原本位于南宁中心的绿楔如高校区的低碳区，白沙立交的平阳村和新塘村的生产用地对于二氧化碳的吸收作用基本殆净，而城市边缘的高新区的碳浓度也有很大的增长，在市中心的低碳区已经基本溶解在高浓度的 CO_2 中。而在远离最核心的外围区域碳浓度则全面降低，有可能是碳排用地向中心集聚，而城市核心区的外围碳含量显著减少。

（3）碳中心转型结构

2009 ～ 2013 年，南宁中心城区扩张增速放缓，建设强度减弱。该阶段高碳区的面积没有大面积扩张，而总体的碳浓度则有一定的变化。该段时间主要体现为核心区的碳浓度逐渐增高（颜色由暗红转变为鲜红），而在图中未能反映的是该时段南宁处在一个产业转型阶段，一些占地大、碳排高收益小的第二产业通过关停并转等方式演替为节地、低碳、高收益的第三产业。碳源用地总增速缓慢，碳排强度降低且碳源用地的产业结构更趋合理，经济效益显著提高。

三、边缘区的低碳规划要素的特点

知道了二氧化碳的布局，下一步就是研究碳布局和建设用地布局的空间关系。用地对碳排放的影响主要体现在三方面。第一个方面是碳排用地和碳汇用地的具体数量对碳浓度的影响，常识而言就是碳排用地的数量越多碳浓度越高，但是数量和碳浓度的定量关系需要进一步挖掘。第二个方面是建设用地的形态，建设用地的规则布置，比如是方形、圆形等规则形态更有利于降低碳浓度，还是犬牙交错的不规则多边形更有利于降低碳排放的浓度，也是一个值得研究的问题。第三个方面是建设用地的聚散程度对于碳浓度的影响，相关实证研究显示绿地的聚集有利于城市温度的降低，热岛效应的缓解。而相应的关系是否存在于碳浓度和建设用地的聚集程度中，也需进一步求证。该次选取的月份是所有 45 个月份中，碳浓度最高的前 1/3 的月份为高碳月，共 15 个月份录入统计（碳浓度含量 >424ppm），见表 6-5。根据 15 个高碳月，分别选取对应月份的建设用地进行详细的分析（具体数据见附表 1）。

南宁 2000 ~ 2013 年边缘区内平均碳浓度（单位: ppm，加粗为高碳月） 表 6-5

时间（6月）	**2000_6**	2001_6	2002_6	**2003_6**	**2004_6**	2005_6	2006_6	2007_6
CO_2 浓度	**425.927**	420.881	412.709	**427.198**	**424.504**	382.095	415.889	423.051
时间（6月）	2008_6	**2009_6**	2010_6	2011_6	2012_6	**2013_6**	2014_6	
CO_2 浓度	414.051	**431.463**	382.686	405.84	403.473	**430.421**	396.602	
时间（7月）	2000_7	**2001_7**	**2002_7**	**2003_7**	2004_7	**2005_7**	2006_7	2007_7
CO_2 浓度	423.394	**424.139**	**428.162**	**424.689**	420.954	**425.8**	420.699	423.089
时间（7月）	2008_7	2009_7	2010_7	2011_7	2012_7	2013_7	2014_7	
CO_2 浓度	419.799	420.836	410.479	416.634	413.351	403.975	415.794	
时间（8月）	2000_8	2001_8	**2002_8**	2003_8	2004_8	**2005_8**	**2006_8**	**2007_8**
CO_2 浓度	423.319	423.586	**425.598**	420.067	420.514	**425.657**	**424.491**	**429.196**
时间（8月）	2008_8	2009_8	**2010_8**	**2011_8**	2012_8	2013_8	2014_8	
CO_2 浓度	423.199	418.994	**433.365**	**424.058**	414.095	409.371	405.86	

（一）建设用地的数量对碳浓度的影响

已知道各年南宁碳浓度的平均值和建设用地的数量，建设用地在边缘区面积的占比和主建设用地在边缘区面积的占比，现分析这三个指数对 CO_2 浓度的相关关系，采用双尾检验，以上统计操作使用统计软件 SPSS19.0。可知研究区的碳浓度含量与建设用地的多少，建设用地在研究区总面积的占比和南宁主城区面积在研究区内的占比与边缘区的碳浓度呈现正相关（见表 6-6）。说明建设用地的数量越多研究区内的碳浓度越高。就处于中高速发展中的南宁而言，减少建设量是较难实现的，但是通过增加建筑的垂直高度，减少建设用地数量却是可以实现的。说明在今后南宁建设用地的规划中可以适当减少建设用地的面积，以期延缓二氧化碳浓度升高。此部分可得到一个结论：城市的精明增长即保证建设量增长的情况下适当减少建设用地的面积有利于低碳，可通过适当增加建筑容积率实现。

建设用地数量与碳浓度关系表 表 6-6

		建筑用地数量	PLAND	LPI
Mean_CO_2	Person Correlation	0.693	0.667	0.677
	Sig.（2-tailed）	0.00	0.007	0.006
	N	15	15	15

（二）建设用地的聚集度对碳浓度的影响

建设用地的聚集度主要通过丛生指数、聚集指数、相似邻近比例指数和连接性指数体现，将 2000 ~ 2014 年的建设用地分布带入 Fragstats 软件中得到相对应的聚集度指数。将高碳月的碳浓度和建设用地对应月份的聚集程度带入相关分析中，丛生指数、聚集度和相似临近比例指数与平均碳含量都为正相关（见表 6-7），分别为 0.250、0.252 和 0.275，虽然 P 值均大于 0.05（没有统计学意义），但是这三个指数都反映了建设用地越聚集，碳含量越高的结论。此外建设用地联结度也与平均碳含量呈现正相关关系，说明建设用地越紧密连接，碳含量就越高且 P 值 =0.019 ＜ 0.05（有统计学意义）。综合上述统计结论可说明对南宁而言建设用地越分散，研究区内碳浓度越低。此部分可以得到一个结论：建设用地越离散碳浓度越低，故建设用地要分散布置，其中城市飞地是一种可行的方法手段。

建设用地的聚集度与碳浓度关系表 表 6-7

		CLUMPY	AI	PLADJ	Cohension
Mean_CO_2	Person Correlation	0.250	0.252	0.275	0.597
	Sig.（2-tailed）	0.368	0.366	0.320	0.019
	N	15	15	15	15

有可能是两个原因造成了上述结论：最可能的原因是在自然过程中很难形成斑块的大量集聚，自然状态下斑块是离散分布的，而集中分布则是非自然的高熵活动，为了保持这种分布状态就要投入大量的能量进行维系，这个过程中将会带来大量能量消耗及其副产品二氧化碳，这是从碳排角度而言。另外一个原因也有可能是建设用地离

散分布的过程中增大了碳汇用地与 CO_2 的接触面积，使得植被能更有效地吸收二氧化碳，这是从碳汇的角度而言。

（三）建设用地的形态对碳浓度的影响

建设用地的形态通过形态指数和分维度指数体现，将 2000～2014 年夏季（6 月、7 月和 8 月）的 15 个月建设用地分布带入 Fragstats 软件中得到相对应的形态指数。将高碳月的碳浓度和对应月份的建设用地年平均形态指数带入相关分析中，碳浓度与形态指数和分维度指数得相关性系数（R）分别为 0.572 和 -0.571，两个指数都可以得到相同的结论即建设用地的形态越不规则，碳浓度越低（见表 6-8）。且 P 值都为 0.026，小于 0.05，说明结果具有统计学意义，此部分可以得到以下结论：

建设用地的形态与碳浓度关系表 表 6-8

		SHAPE_MN	FRAC_MN
CO_2 浓度	Person Correlation	0.572	-0.571
	Sig.（2-tailed）	0.026	0.026
	N	15	15

建设用地形态越不规则碳浓度越小，故要保护原有山水格局倒逼建设用地形态。与建设用地的离散程度对碳浓度的影响类似，同样也可能是碳排和碳汇两方面共同造成的，在自然低熵的状态下特定类型的斑块（如建设用地斑块）都呈现不规则分布。就像人工种植的花园要维持园中各种花卉的高熵形态势必要人工修剪，这个能量注入、消耗的过程就会带来大量的二氧化碳。此外不规则分布也增大了 CO_2 与碳汇用地的接触面积。上述结论还需今后更深入的研究观测才能得到验证并进一步完善。

（四）建设用地的其他因素对碳浓度的影响

除了上述因子如建设用地的规模，聚合程度和形态指数外，其他自然因素也有可能对碳浓度产生影响，比如高度也有可能对碳浓度有影响，故将所选中的 15 个月南宁边缘区的二氧化碳浓度分布与内边缘区的高程数据在空间上的每个点进行一一对应，分析高程对碳浓度的分布的影响。需要注意的是在 15 个月中虽然高程数据是不改变的，但是 15 个月均二氧化碳浓度空间分布则是动态变化的。本次分析试探求动态变化的二氧化碳分布和高程是否存在某种定量或定性的关系。在分析点对点对应关系的过程中，采用 IDRISI 17.0 软件（图 6-4 是其中一个月，即 2010 年 6 月的二氧化碳和高程叠加示意图，图 6-5 是对应的相关性分析图），分析高程与碳浓度的相关性。南宁市辖区在附图 2 中显示所示所有相关性曲线都是负向的，15 个月的碳浓度和高程的都呈现负相关（全部的十五张各高碳月的 CO_2 浓度分布图在附图 2 中）。

高程分布

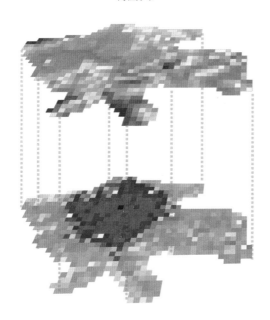

二氧化碳浓度分布

图 6-4　高程与二氧化
碳浓度点对点示意图

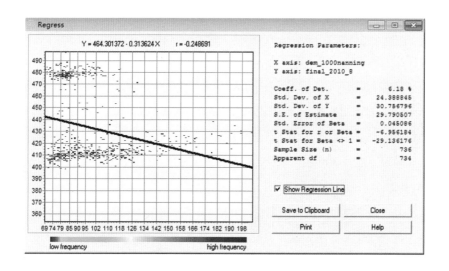

图 6-5　高程与二氧化
碳浓度的回归分析图

　　上文通过低碳规划要素数量、聚集度和形态特征的总结得到低碳要素筛选的依据，进一步为要素的筛选提供数据支持。

第三节　边缘区低碳规划要素的筛选与演替

　　根据上文统计结果和特征的总结，归纳出规划要素的低碳特征，以此特征为依据进一步进行规划要素的筛选，在筛选的过程中根据低碳规划要素的作用对象分为三类：

即对建设用地结构产生影响的低碳规划要素、对形态产生影响的低碳规划要素和对数量产生影响的低碳规划要素。最后归纳出 5 个低碳规划要素：交通节点要素、手工作坊和临时仓库要素、城市历史沿革、城市外环要素和山水格局要素。选出低碳规划要素后进一步观察这些低碳规划要素在不同时期对南宁边缘区的影响，将其影响时期分为先锋期、发育期和成熟期，在三个时期中各低碳规划要素对边缘区的影响也不尽相同。

一、低碳规划要素的筛选

本节试从上文提到的 22 类规划要素中，筛选适合南宁的低碳规划要素。

（一）对建设用地的结构产生影响的低碳规划要素

从低碳规划要素的特点可知如果有规划要素可以影响建设用地的结构特别是紧凑度，那该要素就可以成为低碳规划要素。而影响建设用地结构的要素一般为点状要素。这类要素因为本身的体量不大，对于形态和数量的直接影响是有限的，但其出现后围绕着该要素则会有大量的后续要素出现，并以其为核心快速地推进城镇化，故这些要素是边缘区用地调整的质变因素。可能的要素包括了交通节点要素、手工作坊和临时仓库要素和标志性建筑要素。①交通枢纽（节点）要素一般位于城市的边缘，主要是通过便利的交通带来大量的人流和物流，而这也吸引了其他要素在其周边的集聚，进而改变片区或城市的结构和建设用地的紧凑度，使城市内部的集聚度下降。②手工作坊和临时仓库要素则是农用地转化为非农用地或城市建设用地的先锋要素，这次转化意味着城市建设用地的扩张，也意味着城市中心的人流物流对城市中心的进一步疏散。③标志性建筑的布置基本位于城市的轴线上，其巨大的体量和雄伟的高度在更多程度上起着美化景观的作用，对于降低城市的紧凑度影响甚小。城市结构沿革和历史文脉也有可能对城市结构起到作用。④当代的城市结构是在过去的城市结构中诞生的。在保持其基本形态的基础上，由于城市业态的发展或衰落导致当代城市某部分出现兴盛或者萎缩，进而形成新的城市布局。以南宁为例，历次的城市扩张都以填充式外延使得市中心建设用地的集聚度不断提升，形成城市的高碳区。⑤而历史文脉的影响更倾向于人们基于习俗传统上的审美。其更多体现在较微观的房屋布局和街道布局中，对城市的集聚度影响较少。

（二）对建设用地的形态产生影响的低碳规划要素

影响边缘区建设形态的要素不少是线要素，因为线要素不同于点要素和面要素，有极强的引导性和方向性，容易影响城市的形态。①城市外环则是限制城市扩张的规划要素。车流量大且没有过多匝道的外环道路限制人流和物流的穿越，外环上的人流物流不能对外环沿线用地起到交互作用，减少了外环周围用地的商业价值，限制了城市在该方向的扩张。②边缘区内部的路网是起到连接作用的规划要素，通过内部路网的连接可以将城市的人流和城市的规划的各个要素运输到沿线的任意一个点上，但是作为城市内部的要素并不对城市的外部形态起到控制作用。

（三）对建设用地的规模产生影响的低碳规划要素

对建设用地规模的影响一般为面状要素，这类要素对于建设用地的主要结构和形态没有特别大的影响，但是面状要素一般面积巨大，对建设用地的数量影响巨大。首先对建设用地数量有直接影响的要素为居住小区、大型商业综合体、行政办公楼或大院、活动小广场、停车场、大型厂区和入侵时序。虽然居住小区、大型商业综合体、行政办公楼或大院、大型厂区这四个要素其面积巨大，但是为了城市的发展，不可能为了低碳导向而减少其面积，故这些要素不能作为低碳要素，而活动小广场与停车场是上面四个要素的辅助要素，与其配套存在，故不能为了低碳而改变，故也不能作为低碳要素。入侵时序只是时间维度的变化并不对面积有直接的影响。剩下的是自然规划要素如小型街头绿地、道路绿地、大型郊野公园和自然山体、防护林、经济林、小型池塘、城市内湖（河）和过城的江河，这些用地并不直接影响城市的发展，对其进行低碳规划是可行的，但是各类用地在城市建设用地的占比并不高，所以将其统一归纳为城市的山水格局要素。

从前文筛选的要素中选取交通节点（枢纽）要素、手工作坊和临时仓库要素、城市历史沿革、城市外环要素和山水格局5个要素。五个要素的总结后确认其在城市不同发展的时期对建设用地的紧凑度、形态和规模所起的作用，并通过这些元素的规划控制达到低碳的目的。

二、边缘区低碳规划要素的演替

以上文总结的规律为前提，以归纳总结的5个低碳规划要素为切入点，分析在南宁的发展中，5个低碳规划要素在不同阶段对于南宁边缘区扩张的影响。由于南宁市边缘区范围广大，现选取极具典型性的南宁白沙大道周边的平阳村和新塘村2000～2015年的用地演替为例（见图6-6），分析5个要素对南宁边缘区建设用地数量、紧凑度和形态的影响。选取该规划片区主要基于以下三点原因：

（1）选取的地区演替发展迅速剧烈，集中体现了南宁边缘区用地的无序扩张。

（2）研究时段为2002～2015年包括在研究碳—地关系的2000～2015年的时间序列中。

（3）对南宁边缘区可能起作用的规划要素（除轨道交通外），能较好表现用地更替中各要素所发挥的作用。

（一）作坊、临时仓储零星出现——边缘区演替先锋期

该区域演替的先锋期发生在2002年之后，在2002年之前，这个区域的基本山水

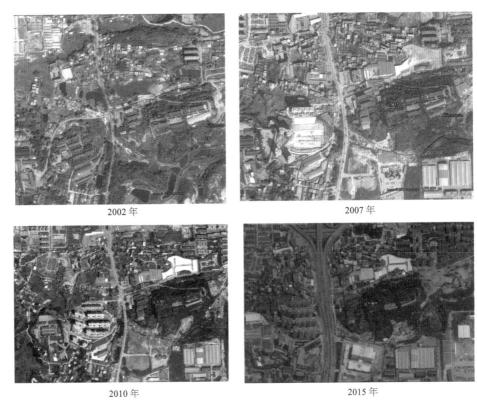

图 6-6　南宁平阳、新塘村 2002 ~ 2015 年的历史照片

格局和建设用地的布局与之前相比并没有过多的变化（图 6-7）。建设用地呈自发发展，依据现有田地和池塘的格局呈现无规则形态，布置松散，总体建设量和建设用地的面积都较小。而在 2007 年左右，建设量明显加大，白沙大道西部的建设用地的建设量和建设的紧凑度明显增大，新增建设用地的形态也明显变规则，这些变化是十分不利于建设用地低碳的（见图 6-8）。在这个过程中各个要素的变化也是十分明显的。道路的宽度比较小，主次道路并没有明显区别，且道路形态并没有拉直，原本建设用地基本为村庄建设用地，主要沿十字道路的两边进行布置，而远离道路的地区主要为池塘和大量的农田，在该范围内主要用地为田地、村庄建设用地，水域（池塘）。而在 2007 年南北向的白沙大道加宽，东西向道路的等级明显下降，且由于其他用地的挤占使得东西向道路宽度进一步下降。各类新建的小区出现在原本农田的位置，片区内的池塘被全部填平。出现了大量的城市居住小区，但是村庄建设用地并没有马上消失，而是以新村的方式迁移到原本的绿地池塘中。通过以上的改变使得建设总量增加，建设用地之间连接更紧密，而由于只注重速度，建设用地的形态上仍是无规则的。由此可以得出结论：先锋期建设用地增加，连接紧密，不利于低碳；而控制零星出现的仓储、工厂用地和阻止山水格局的破坏则应作为该时期阻抑建设用地无序扩张的重点（作坊临时仓库要素、小型池塘要素、城市内湖要素、自然山体要素参与了该时期的用地更迭）。

图 6-7　2002 年用地演
替分析图

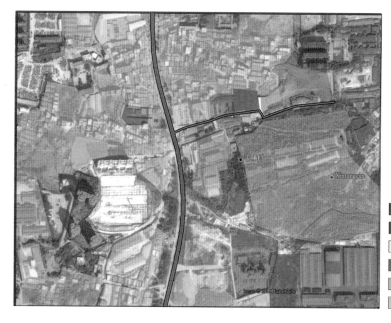

图 6-8　2007 年用地演
替分析图

（二）居住区飞地扩展——边缘区演替发育期

　　该区域 2007 ~ 2010 年属于边缘区演替的发育期，在这个时期内，从市区内搬出的仓储和工厂进一步在该区域内集中，而区域内村庄建设用地的数量减少，居住区以飞地的形式布局。路网的等级基本形成，南北向的白沙大道为主路，而东西向的道路为次路。开始将上述道路纳入城市的路网体系中，但是尚未有明显的交通站点（如公

■	城镇建设用地
■	工厂仓储用地
□	村庄建设用地
■	道路交通用地
▨	农田草地
▨	池塘

图 6-9　2010 年用地演替分析图

共汽车站等）。在这个过程中，建设用地的紧凑度和形态变化并不大，总量变化也不大，只是从村庄建设用地为主转为城市居住小区和村民居住用地并重的模式。由此可以认为，发育期建设用地总量、紧凑度和形态都变化不大，主要归功于居住区远离中心区方向的飞地布局（城市结构要素的改变在该时期发生）。

（三）道路划分阻断蔓延——边缘区演替成熟期

该区域 2010～2015 年基本已经成为成熟的城市边缘区，在这过程中城市居住区的建设，工厂仓储不断地聚集，无疑增加了建设用地的数量，而有序的规划势必导致了建设用地形态的规则，这些都是更好地建设城市所必需的，但是白沙大道的扩建，

■	城镇建设用地
■	工厂仓储用地
□	村庄建设用地
■	道路交通用地
▨	农田草地
▨	池塘

图 6-10　2015 年用地演替分析图

彻底地将东、西两边建设用地完全隔开,阻止了边缘区城市建设用地的无规则蔓延(见图 6-10)。在 2010 年以后这个区域出现了白沙友谊路口首末站,交通站点的出现对低碳有正反两方面的影响,首先交通站点带来了大量的人流物流和周边商业的建设,这是造成高碳的原因之一;但同时首末站却限定了边缘区的基本范围,使人流和物流不会逾越此节点达到边缘区边界控制的低碳目标。由此看来,成熟期建设用地总量增大、形态规整,会带来碳浓度增大,但是城市主要道路的分隔减少了建设用地的紧密度,交通首末站限制了边缘区范围,这些措施都限制了碳浓度的上升。(城市外环要素和交通节点要素参与了该时期的用地更迭)

不同时期南宁边缘区规划要素的变化　　　　　　　　　　　　　　　　　　　　　表 6-9

年代	建设用地总量	建设用地紧凑度	建设用地形态	村庄建设用地	城市建设用地	道路用地	工业仓储	绿地、水域
2002	少	不紧凑	自然,不规则	较多	无	十字窄道	极少	绿地多、水多
2007	较多	紧凑	自然,不规则	较多	较多	分等级	零星分布	绿地较少、无水
2010	较多	紧凑	自然、无规则	较少	较多	道路拓宽	集中分布	绿地较少、无水
2015	多	不紧凑	规则	少	多	公车站出现,道路拓宽	集中分布	绿地少、无水

不同时期南宁边缘区规划要素的归纳　　　　　　　　　　　　　　　　　　　　　表 6-10

时期	有效措施
演替先锋期	阻止山水格局破坏,防止仓储厂房零星出现
演替发育期	使用飞地手法控制建设用地紧凑度
演替成熟期	以道路分隔手法控制建设用地紧凑度

第四节　南宁边缘区建设用地的低碳规划策略与设计

一、以边缘区五要素为基础的低碳规划策略

(一)以交通节点为标志限定建设用地蔓延

根据分析结果可知,建设用地的增加会使南宁内边缘区的二氧化碳浓度上升,而南宁凭借后发优势和东盟的产业带动,城镇化动力强劲,为了低碳而降低发展的速度是不现实的,同时南宁作为西南、中南开放发展的战略支点也需要大型客运站、火车站和地铁来运输城市外部和内部的人流和物流,而这些交通节点(如客运站、火车站和地铁的首末站)不仅作为交通运输的重要节点,也是限制城市发展的重要节点,图

6-11 中是南宁琅东客运站的现状位置，车站的左侧是城市边缘区的边界，密布着各类建筑及大量的人流车流，而客运站的右侧则是大量的农田和树林。说明交通客运站的合理布局有利于限定城市边缘区的边界，进而限定建设用地主斑块的面积，实现低碳的规划目标。

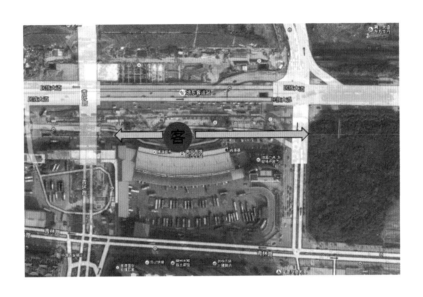

图 6-11　琅东客运站及其周边现状

（二）以城市外环和主干道划分各组团区域

上文的统计结果表明，建设用地的连接性越弱，碳排量也越小。作为城市五要素之一的区域不单是构成城市形态的基础，同样也担负着不同的城市职能。故以外环路为组团边界的主体辅以重要的城市干道划分各个城市组团，减少各个组团的连接性，进一步压缩城市组团无序蔓延的空间。道路呈现了两面性，即分隔性和联系性。道路将不同职能的区域有效区分，便于之后的分区规划；而道路作为运输货物和人流的通道，同样也起到了联系功能，完善边缘区外环环路，外环路、城市主要道路和主要交通节点作为组团的边界控制的要点，见图 6-12。

（三）以主城区外飞地创造城市新节点

低碳规划的一个原则就是减少主城区的建设量，把新的建设量主要集中在城市的飞地中，纵观南宁的现状，南宁边缘区的现状工业用地基本为一二类工业用地，对环境的污染较小，部分位于邕江下游亦位于研究区的边缘。但仍有大量的工业集中在江南和良庆区内部，所以在保证规模企业的前提下通过工业飞地的形式布置在中心城区边缘，并在新兴工业园区周边布置与园区相适应的居住组团，减少因上下班带来的通勤二氧化碳的排放。飞地周边布置大型的交通枢纽，减少原材料和成品的运输对主城碳浓度的影响，减少飞地对于主城的依赖，实现真正的产城融合，见图 6-13。

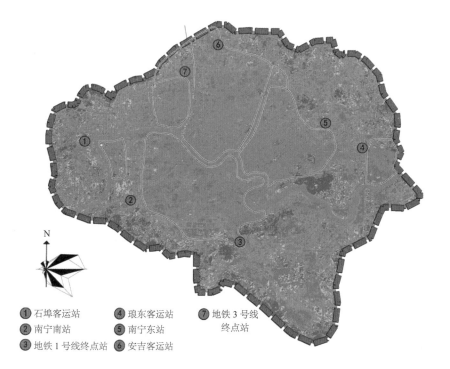

①石埠客运站　④琅东客运站　⑦地铁3号线
②南宁南站　　⑤南宁东站　　　终点站
③地铁1号线终点站　⑥安吉客运站

图6-12　交通枢纽和
交通节点分布

图6-13　飞地低碳组
团意象

（四）以边缘区内外的山形水势倒逼建设用地边界

根据研究结果发现建设用地的形状越不规则排碳量越低，但是有序规整的用地形态则有利于大规模的生产和降低交通运输的消耗。所以本次规划并不是片面追求不规则的形态，为了低碳而低碳，还是应强化南宁原有的山水格局，严格执行沿邕江，沿南湖的保护和控制，依托南宁外部的自然山岭如南宁西侧的高坳岭，北侧的老虎岭、大廖岭，南侧的五象岭，可以很好地阻抑城市蔓延，而界定内部的水域范围可倒逼其临近的建设用地，使建设用地形态适当不规则，来保护非建设用地。在保证了发展的同时，也能在局部减少为保持规整的用地形态而流入的能量和随之带来的二氧化碳产生，见图6-14。

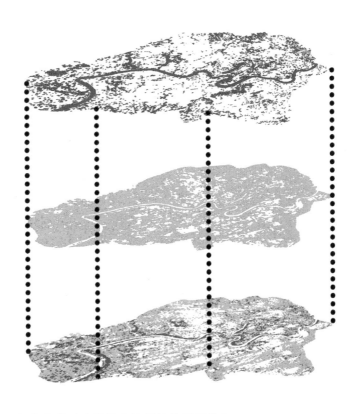

图 6-14　南宁山水格局叠加分析

（五）阻抑作坊临时仓储等先锋用地的零星分布

南宁边缘区外围会承建因地价过高而搬迁出市中心的物流仓储和临时作坊等业态，而对于没有重工业的南宁而言，进入研究区外围的主要是轻工业小厂、作坊和部分货物的存储集散地，这也是作为蚕食绿地、水域的先锋用地类型，该类用地分布的特点是以临时、零星分布为特点，见缝插针地布置在村庄建设用地周围，在增加了建筑紧凑度的同时，也增加了周边用地的地价进一步升高，诱使农民将田地和水塘填平进行土地的转让，加速村庄用地的蚕食。故要将临时仓储等用地和工厂用地进行集中的控制规划，以产业园的方式承载起该类用地发展。

二、低碳设计的规划结构和设计方案

本次低碳规划的空间结构为"一带三廊大组团"，以南宁的景观大道民族大道为基础，连接新民路、北大路打造横穿南宁的低碳带，以道路两旁的附属绿地为引导二氧化碳的生态界面，而为了进一步限制边缘区的无序蔓延，同时提高城市内外人流与物流的运输效率，在边缘区边沿和各个组团的边沿合理布置重大交通枢纽，如火车站、汽车站及地铁始末站。本规划力图将南宁分为六个组团。四个节碳中心组团，基本覆盖老城的大部，分别为：城东节碳中心组团、城西节碳中心组团、城南节碳中心组团和城北节碳中心组团。两个飞地低碳组团分别是石埠飞地低碳组团和仙湖飞地低碳组团，见图 6-15。以高等级道路限制主城区组团的无序扩张，以飞地的形式进一步减少组团间的联系。在新组团的

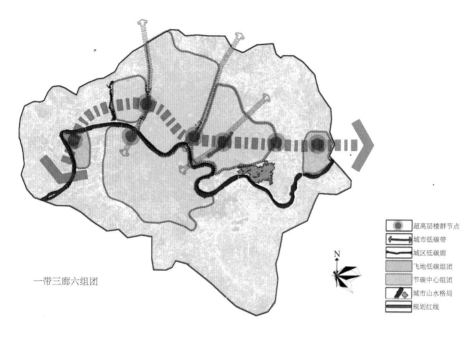

一带三廊六组团

超高层楼群节点
城市低碳带
城区低碳廊
飞地低碳组团
节碳中心组团
城市山水格局
规划红线

N

图 6-15 南宁边缘区
结构分析

布置中，石埠组团在邕江的上游，主要打造为居住商业组团，居住和商业的灵动形状模仿了自然斑块的形状，减少维持规整形状的能量输入。而仙湖组团为邕江的下游，故可以布置工业与居住、商业结合的混合城市组团进一步实现产城结合，提供尽可能多的就业岗位，减少新组团对于南宁主城的依赖。对于现有的草地和林地以保护为主，以生态用地倒逼居住、商业和工业用地，也使其尽可能依据现有环境灵活布置。南宁由西至东以相思湖、心圩江、人民公园和南湖公园为基础，以用地置换为手段，打造 3 条排碳廊道，同时也通过廊道的建立进一步隔断南宁各个建设组团的联系，实现建设用地的低聚集、低连接分布。与此同时低碳通廊与低碳带和邕江相连使城市产生的大量二氧化碳通过排碳网络排出各个组团，最大限度地减少城市边缘区内的二氧化碳浓度，最终形成南宁低碳规划中"一带三廊六组团"的格局结构。由于本次规划采用的是对遥感用地分布图直接进行土地用地的布局调整，且根据统计研究的结论也提出建设用地布局因尽可能分散且形状灵活，故规划结果没有传统规划的那么规整，见图 6-16。

三、低碳设计后的评价

本规划以遥感图为现状图，以交通节点（枢纽）、飞地、山水格局、工业仓储用地和主要城市道路为切入点进行南宁边缘用地的规划。城市的低碳规划也要兼顾城市经济的发展和规划的可实施性，故对于现有组团的规划以尽可能少的改变现状，实现最大化低碳的效果，而对于两个新的飞地组团则完全以城市主要道路和水域限制飞地的无序蔓延，以明确的功能分区为工业，仓储提供集中用地，依山形就水势规划商业居住用地。规划方案基本实现了对老区现状的保持和对新区节碳的规划目标，见图 6-17。

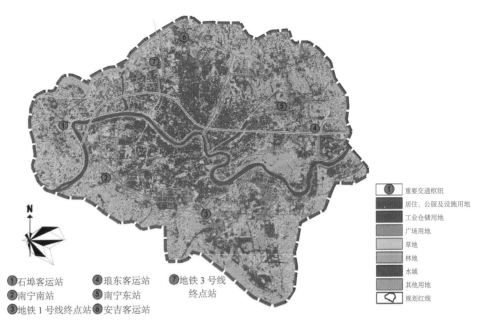

	重要交通枢纽
	居住、公服及设施用地
	工业仓储用地
	广场用地
	草地
	林地
	水域
	其他用地
	规划红线

① 石埠客运站　④ 琅东客运站　⑦ 地铁 3 号线
② 南宁南站　　⑤ 南宁东站　　　 终点站
③ 地铁 1 号线终点站　⑥ 安吉客运站

图 6-16　南宁边缘区用地布局规划

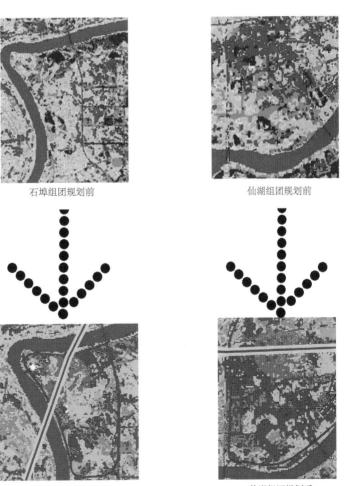

图 6-17　规划前后对比

参考文献

[1] 丁凤，徐涵秋. 基于 Landsat TM 的 3 种地表温度反演算法比较分析 [J]. 福建师范大学学报（自然科学版），2008（01）: 91-96.

[2] 季青，贺伶俐，余明，张春桂. 基于 Landsat ETM+数据的福州市土地利用 / 覆被与城市热岛的关系研究 [J]. 福建师范大学学报(自然科学版),2009(06): 106-113.

[3] 覃盟琳，赵静，黎航，牙婧. 城市边缘区碳源碳汇用地空间扩张模式研究 [J]. 广西大学学报（自然科学版），2014（04）: 941-947.

[4] Jentsch M，Bahaj A，James P. Climate change future proofing of buildings -Generation and assessment of building simulation weather files[J]. Energy and Buildings, 2008, 40（12）: 2148- 2168.

[5] Epa. Urban Heat Island Mitigation. 2009. [2010-03- 11], http: / / www. epa. gov / hiri / mitigation / index. html.

南宁边缘区 2000 ～ 2014 年夏季（6 月、7 月和 8 月）建设用地景观指数　　　　　　附表 1

	PLAND	LPI	建筑用地数量	SHAPE_MN	FRAC_MN	CLUMPY	PLADJ	AI	COHESION
2000_6	0.1935	0.1614	2336.0	1.3275	0.9325	0.9643	95.7944	96.4379	98.7651
2001_6	0.2173	0.1809	2612.0	1.6057	0.8841	0.9575	95.1591	95.7619	99.1221
2002_6	0.2643	0.2295	3194.0	1.3657	0.9248	0.9694	96.3943	96.9480	99.1113
2003_6	0.2505	0.2004	3027.0	1.3628	0.9347	0.9482	94.2753	94.8307	99.0726
2004_6	0.2280	0.1830	2753.0	1.3208	0.9371	0.9571	95.1309	95.7198	98.8335
2005_6	0.4502	0.4270	5423.0	1.2467	0.9508	0.9621	95.8077	96.2284	99.4599
2006_6	0.2799	0.2219	3382.0	1.2949	0.9451	0.9427	93.7598	94.2827	99.0618
2007_6	0.3280	0.2837	3961.0	1.3156	0.9384	0.9585	95.3704	95.8617	99.2809
2008_6	0.4410	0.4084	5319.0	1.2563	0.9486	0.9612	95.7165	96.1410	99.4153
2009_6	0.3323	0.2887	4005.0	1.4144	0.9222	0.9568	95.2090	95.6956	99.2292
2010_6	0.4980	0.4698	6000.0	1.3857	0.9221	0.9717	96.7824	97.1859	99.4674
2011_6	0.4092	0.3665	4936.0	1.3390	0.9316	0.9607	95.6464	96.0865	99.3929
2012_6	0.4348	0.3942	5241.0	1.3539	0.9317	0.9595	95.5389	95.9659	99.4120
2013_6	0.4059	0.3438	4887.0	1.4813	0.9159	0.9476	94.3456	94.7823	99.3660
2014_6	0.5216	0.4819	6283.0	1.5371	0.8940	0.9721	96.8325	97.2275	99.4709
2000_7	0.2324	0.1501	2807.0	1.3761	0.9301	0.9406	93.5047	94.0778	98.7788
2001_7	0.3275	0.3061	3949.0	1.2414	0.9535	0.9537	94.8971	95.3855	99.3772
2002_7	0.2499	0.1868	3919.0	1.3773	0.9267	0.9573	95.1806	95.7426	98.8205
2003_7	0.2452	0.1495	2964.0	1.3851	0.9318	0.9391	93.3646	93.9214	98.4998
2004_7	0.2421	0.1746	2927.0	1.4168	0.9240	0.9475	94.1996	94.7637	98.9783
2005_7	0.2609	0.2004	3147.0	1.4434	0.9201	0.9502	94.4916	95.0368	99.0031
2006_7	0.3256	0.2969	3926.0	1.3447	0.9318	0.9623	95.7513	96.2458	99.3600
2007_7	0.2867	0.2347	3466.0	1.4058	0.9270	0.9436	93.8584	94.3751	99.1172
2008_7	0.3206	0.2983	3858.0	1.3542	0.9302	0.9639	95.9062	96.4054	99.3363

	PLAND	LPI	建筑用地数量	SHAPE_MN	FRAC_MN	CLUMPY	PLADJ	AI	COHESION
2009_7	0.2542	0.2166	3064.0	1.4372	0.9146	0.9629	95.7387	96.2992	99.0579
2010_7	0.3680	0.3411	4434.0	1.2768	0.9474	0.9526	94.8176	95.2784	99.3849
2011_7	0.3889	0.3627	4678.0	1.4127	0.9160	0.9692	96.4782	96.9337	99.3876
2012_7	0.3762	0.3047	4531.0	1.4426	0.9146	0.9621	95.7633	96.2230	99.2108
2013_7	0.4843	0.4092	5843.0	1.5268	0.9065	0.9575	95.3636	95.7674	99.3661
2014_7	0.3713	0.3182	4475.0	1.3797	0.9317	0.9457	94.1387	94.5944	99.3250
2000_8	0.1657	0.0994	1996.0	1.3529	0.9395	0.9184	91.1972	91.8583	98.3523
2001_8	0.1655	0.0954	2005.0	1.5209	0.9137	0.9246	91.8074	92.4735	98.3080
2002_8	0.2272	0.1604	2742.0	1.2874	0.9514	0.9209	91.5440	92.1109	98.9015
2003_8	0.2655	0.2080	3203.0	1.3202	0.9384	0.9546	94.9280	95.4708	99.0464
2004_8	0.1656	0.1181	1992.0	1.4773	0.9203	0.9320	92.5386	93.2097	98.6968
2005_8	0.3194	0.2678	3850.0	1.4109	0.9182	0.9646	95.9707	96.4707	99.2257
2006_8	0.2713	0.2038	3275.0	1.2700	0.9473	0.9532	94.8003	95.3369	98.9027
2007_8	0.2414	0.1837	2912.0	1.4097	0.9291	0.9348	92.9409	93.4991	98.9158
2008_8	0.2657	0.1982	3203.0	1.4400	0.9195	0.9456	94.0389	94.5763	98.9681
2009_8	0.1657	0.0996	1989.0	1.3558	0.9384	0.9111	90.4697	91.1255	98.2993
2010_8	0.4125	0.3992	4965.0	1.3745	0.9267	0.9628	95.8545	96.2940	99.5004
2011_8	0.2057	0.1181	2472.0	1.3256	0.9392	0.9293	92.3407	92.9414	98.4344
2012_8	0.3233	0.2703	3883.0	1.4110	0.9194	0.9645	95.9607	96.4584	99.0889
2013_8	0.3528	0.3144	4265.0	1.3035	0.9460	0.9396	93.5126	93.9765	99.3041
2014_8	0.5030	0.4750	6060.0	1.4288	0.9133	0.9691	96.5251	96.9259	99.4804
2000_均值	0.1972	0.1370	2379.7	1.3522	0.9340	0.9411	93.4988	94.1247	98.6321
2001_均值	0.2368	0.1941	2855.3	1.4560	0.9171	0.9453	93.9545	94.5403	98.9358
2002_均值	0.2471	0.1922	3285.0	1.3435	0.9343	0.9492	94.3730	94.9338	98.9444
2003_均值	0.2537	0.1860	3064.7	1.3560	0.9350	0.9473	94.1893	94.7410	98.8729
2004_均值	0.2119	0.1586	2557.3	1.4050	0.9271	0.9455	93.9564	94.5644	98.8362
2005_均值	0.3435	0.2984	4140.0	1.3670	0.9297	0.9590	95.4233	95.9120	99.2296
2006_均值	0.2923	0.2409	3527.7	1.3032	0.9414	0.9527	94.7705	95.2885	99.1082
2007_均值	0.2854	0.2340	3446.3	1.3770	0.9315	0.9456	94.0566	94.5786	99.1046
2008_均值	0.3424	0.3016	4126.7	1.3502	0.9328	0.9569	95.2205	95.7076	99.2399
2009_均值	0.2507	0.2016	3019.3	1.4025	0.9251	0.9436	93.8058	94.3734	98.8621
2010_均值	0.4262	0.4034	5133.0	1.3457	0.9321	0.9624	95.8182	96.2528	99.4509
2011_均值	0.3346	0.2824	4028.7	1.3591	0.9289	0.9531	94.8218	95.3205	99.0716
2012_均值	0.3781	0.3231	4551.7	1.4025	0.9219	0.9620	95.7543	96.2158	99.2372
2013_均值	0.4143	0.3558	4998.3	1.4372	0.9228	0.9482	94.4073	94.8421	99.3454
2014_均值	0.4653	0.4250	5606.0	1.4485	0.9130	0.9623	95.8321	96.2493	99.4254

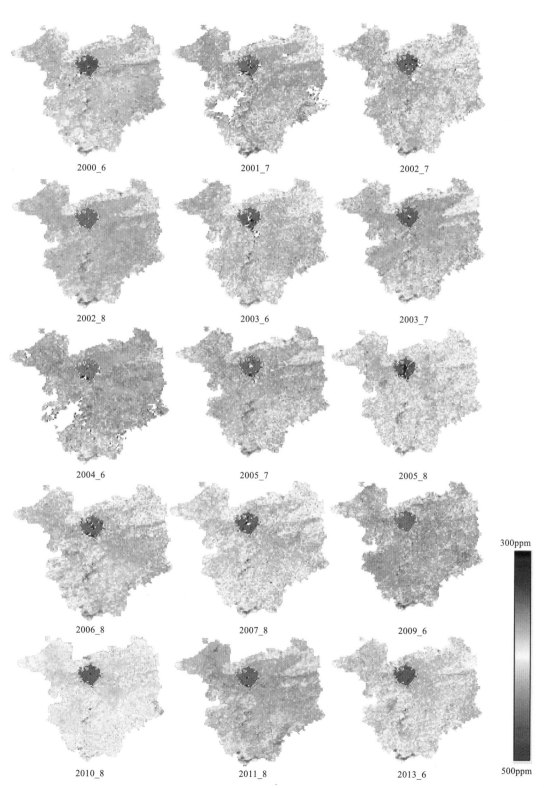

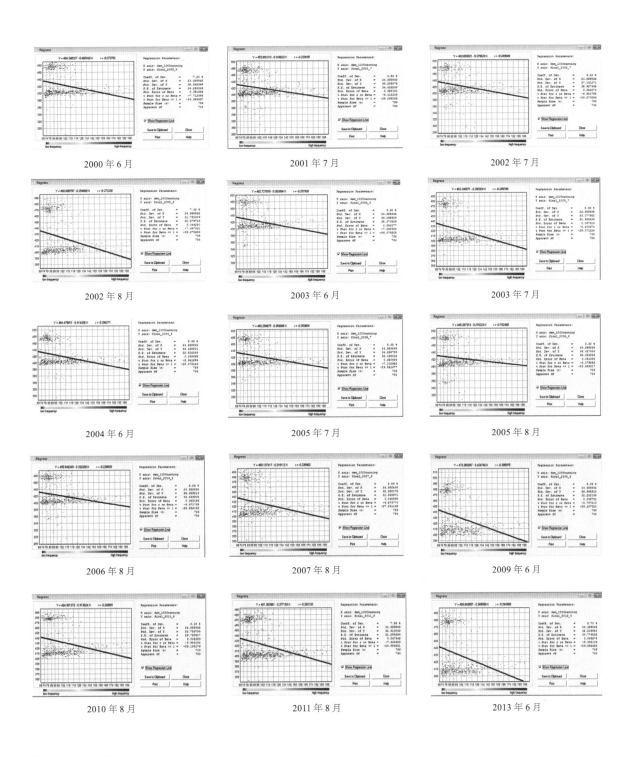

2000 年 6 月　　　　　　　2001 年 7 月　　　　　　　2002 年 7 月

2002 年 8 月　　　　　　　2003 年 6 月　　　　　　　2003 年 7 月

2004 年 6 月　　　　　　　2005 年 7 月　　　　　　　2005 年 8 月

2006 年 8 月　　　　　　　2007 年 8 月　　　　　　　2009 年 6 月

2010 年 8 月　　　　　　　2011 年 8 月　　　　　　　2013 年 6 月

附图 2　15 个高碳月
高程与碳浓度的回归
关系图

第七章

低碳导向下边缘区
生产用地空间优化布局方法

生产用地作为城市边缘区用地的重要组成部分，其空间布局的低碳优化，对于城市整体"增汇减排"有一定的促进作用。同时，边缘区生产用地虽有一定的碳汇功能，但农业产品的生产空间转移过程会产生隐形碳排放。因此，研究边缘区生产用地空间布局与碳排碳汇之间的关系，应综合考虑各项因素。

第一节　基于低碳导向边缘区生产用地安全格局内涵探讨

一、城市边缘区生产用地空间布局优化视角

传统生产用地的优化布局大多是以经济的考量为主，但随着人们对环境效益的日益重视，能够达到城乡间碳循环"增汇减排"的边缘区生产用地安全格局的成为重要的布局考量因素。在综合低碳安全效应与经济效益的情况下，理想的边缘区生产用地空间分布从中心城镇向外分别为耕地、园地、林地，其中耕地又可分为粮食类作物耕作地与蔬菜作物耕作地。处于景观格局多样性的考量，园地及坑塘等景观斑块可以以一定规模镶嵌在耕地为主的基质中。但对生产用地布局的优化往往还需要考量自然地形、气候、水土等多方面客观因素，边缘区生产用地空间的低碳安全格局包括了生态安全、生态健康、系统平衡三个内涵。

（1）生态安全内涵

耕地、园地所构成的生产用地系统具有显著的生态正外部性，对城乡环境和居民有着极大的公益价值，它与人工城镇建设用地系统、自然生态系统一起构成了完整的城乡生态景观格局，是不可或缺的重要基质部分。生产用地系统提供了必要的空间和能量供人造植被生存和发展，形成人工斑块；同时也为自然物种提供了过渡的生态廊道。生产用地的组成部分，如水稻田、菜地、果园、茶园、苗圃等，也是许多城市周边主要的生态景观。发展成熟的果园、茶园具有保持水土、固碳增汇、调节微气候的作用；水稻田对涵养水源、保持土壤、洁净空气也有着很大作用，同时含有水体的下垫面对缓解城市周边的热岛效应起到了良好的缓释效应[1]。此外，由于人为活动所引起的全球气候变化造成了城市周边生物生境破碎、生物多样性丧失的恶劣影响，在城市周边建立起的生产用地系统能够为生物提供一定的栖息地以及其生存所必需的养分，对保障自然生态环境有着重要作用[2]。同时，当自然灾害发生时，生产用地系统能够缓解外部环境带来的冲击，抵御灾害对城市的直接侵蚀，并且为城市提供广阔的开放性避难空间，是城市直接的安全屏障。

城市边缘区生产用地生态安全的考虑因素包括风向、地形与土壤，以及周边自然生态用地布局等。①风向。进行生产用地布局时顺应自然的风向与水流，将低矮的耕地布置在城市上风向，有利于城市主导风不受阻碍地穿过城市中心区；而园地布置在城市下风向，有利于主导风将污染物带出在下风向汇集处理。②地形。结合土壤与地形因素选择合理的用地布置恰当的生产用地类型，考虑作物的生长需求。平原地区适合种植稻谷、蔬菜等作物；而坡地及丘陵适合布置茶园、果园等。同时，南向坡地比北向坡地接受的日照时间更长，更适宜作物的光合作用，有利于植被汇碳，

因此应将茶树、果树等碳汇能力强的作物尽量安排在南坡。③土壤。土壤条件是影响生产用地类型选择的一个重要方面，土壤肥力高有助于植被碳汇能力的增强，因此在选择种植作物时要注意因地制宜。④周边自然生态用地影响。在进行生产用地布局时，应首先划定禁止开发和改变的自然生态保护区，将环境脆弱敏感的地区设为禁止建设区，严格防止生态用地被侵蚀。不能任意将野生山林私自开发为果园或茶园，在进行耕地开发时，也应避免布置在城市水源地附近，特别是上游地区，以免农业施肥造成水质污染。

（2）生态健康内涵

关于城市消费农业产品的生态健康安全关系到每个人的生活质量，而来自于农业生产过程中农药的污染成为现今食品安全薄弱环节的源头。农业生产产业化带来产量提升的过程中，大量化肥农药的施用也造成了农田景观大范围的非点源性污染，甚至影响到水分循环过程，造成水流污染；同时也食品的农药残留也影响到食用者的安全健康。农药的过量使用也影响到农田景观的其他生物过程，导致区域作物植被也受到污染。大量化肥的施用造成水体富含氮磷钾等无机质，造成水体富营养化，使藻类等水生生物大量繁殖，引发赤潮、蓝藻等危害，从而影响水中植物的光合作用，造成溶解氧过饱和，引起鱼类大量死亡。人畜长期饮用受到富营养化水体，也会引起中毒致病。

因此，从影响农业产品生态健康的角度看，生产用地布局必须考虑水流的方位，耕地应避免布置在水源上流，以免大量化肥农药的施用直接影响到水源，并造成下游的集体污染；避免将生产用地集中安置在城市主要河流水体周边，水体周边尽量布置自然过渡地带隔离。

（3）系统平衡内涵

生产用地为城乡居民提供必要的农业产品，保障了城乡居民最基本的生存需求，城市—边缘区系统对农业产品的消费需求和供给之间的平衡影响着城乡居民的食品保障。城乡生态系统中的农业生产是维持城市供给、保持城镇正常运转的基础保障，是国计民生的重大考量；如果城镇一旦完全依赖外部的供给，当供给不足或受到污染影响时，会威胁到社会的稳定。尽管食品消费的"生态足迹"依靠发达的交通体系与货运物流已遍布全球，但出于政府决策的忧患意识，重视本地农业生产、保护生产用地系统是增强城市抵御风险能力，促进地方经济，保障食品安全的必要措施。例如日本仍保留着40%的粮食自给率，保证可能发生的紧张时期的必要食物，稳定民心，保障社会的安全运转[1]。有研究认为，城市人口人均农田规模达到1.2亩以上才能够维持城市基本的食品消费[3]；而由于城市建设扩张，我国的可耕地面积已大幅下降，出台保证城乡基本的生产用地面积的措施迫在眉睫。

因此，城市应当预留出供给城市必须农业产品作物底线的生产用地，划定生产用地的保护区，设立基本农田所在的禁止开发区。在建设用地开发及扩张应考虑生产用地的布局和方位，选择合理的扩张模式，避免建设用地过多的人为干扰及侵蚀导致生产用地景观破碎化程度增高，扰乱生产用地基质的稳定。

二、以低碳为导向的城市边缘区生产用地空间布局模式

（1）边缘区生产用地空间低碳优化布局探讨

边缘区生产用地空间布局的低碳优化即是指要有利于实现边缘区碳排碳汇用地空间整体的"增汇减排"。学界关于生产用地，特别是耕地是否具有碳汇功能的争论一直不休[4-6]，不少研究认为耕作、施肥等农业活动也会产生碳排放[7]，但共同的认识是，耕地对有机碳的固定不仅存在于植物中，主要的部分被固定在土壤里[8]，成熟的园地则有较强的碳汇作用。传统的对耕地实施的低碳措施主要集中于调整农田耕作制度、秸秆还田、改善施肥条件、合理灌溉等方面减少碳排[9]，但却很少从碳排碳汇用地空间结构去思考整体景观格局的"增汇减排"效应。生产用地是连接边缘区生活用地和生态用地必不可少的部分，其空间结构的低碳效应，主要从两方面考虑：

一方面是"增汇"，要有利于保持自身结构的稳定，形成促进生态用地碳汇功能的布局，并不易被转化为碳排用地。相对类型混合的、分散的生产用地，空间紧凑的、结构分明的用地更不易被碳排用地侵蚀，同时也有利于在一定程度上阻隔碳排用地的蔓延。生产用地最佳的景观格局是由几个大型斑块连接成的有机整体，之间分散相连着若干小型斑块。同时，生产用地斑块的大小、数量、形状、朝向都影响着生产用地自身的碳汇能力与空间增汇作用[10]。斑块的大小制约了生产用地的能量和物质循环，并影响生产效率。通常，大型斑块更有利于物种的存活，并维护基因的多样性。小型斑块起到增加景观多样性的作用，应当分散在大型斑块之间。生产用地斑块的大小与田块大小有关，一般平原地区田块规模约为 $10 \sim 32km^2$，长约 $500 \sim 600m$，宽约 $200 \sim 400m$；山区则由坡度来决定，形态并不规整。生产用地的斑块数量影响着景观间能量的传播，斑块数目越多，更有利于多样的物种对碳的汇集。此外，生产用地斑块的形状规整更有利于碳吸收的截流及径流过程，的形态最佳为方形，其次为梯形或四边形，最劣为三角形与不规则多边形；而生产用地斑块的朝向则影响着作物的采光，南北朝向的生产用地斑块作物碳汇效果及生产能力都更佳。另一方面，生产用地空间格局的低碳优化要有利于降低自身的碳排放。生产用地的碳排放首先来自耕种活动所产生的碳排放，其次来自运输农业产品时空间转移产生的碳排放，而农业产品空间转移碳排放随着人类社会的进步越来越依赖于交通运输，在排放量中所占的比重

变得越来越大。因此,生产用地空间低碳优化也要考虑降低农业产品空间转移碳排放,调整生产用地的布局,安排空间转移碳排放量高的农业产品更靠近中心城。

（2）边缘区生产用地空间结构研究

生产用地按照形态特征主要划分为四种类型:

1）环状。在生产用地的空间结构当中,环状是最为普遍的类型。生产用地依托城市环道向外推延,形成类似于圈层状的结构,单个环状结构中农业产品的种类也比较统一,相对而言用地性质较为稳定。一般环状生产用地结构以中心城为核心向外依次为花卉与不耐储藏蔬菜、耐储藏蔬菜、商品粮与其他经济作物、果品等。同时环状生产用地结构与中心城有较好的交通联系,农业产品能够比较快捷便利地运输到城市中心。环状生产用地结构一般出现在内边缘区,内圈层农业产品受市场因素变动比较大,因此常呈现农业产品混杂的现象,越向外则结构越倾向于稳定。

2）块状分区型。块状分区型结构一般位于远离内边缘区的地带,面积较大、分区明确,并且有明显的边界。在平原上表现为规则的块状;而在山地与盆地中,受限于山坡地形,一般表现为不规则的楔形。块状分区型一般由生产基地或合作社共同开发,因此农业品种较为统一。一般种植产品为耐储藏蔬菜与稻谷类、薯类等粮食作物,农业产品的耕作统筹性较高,不易变动,有很好的稳定性。

3）带状。呈带状的生产用地一般位于道路两侧或沿河流伸展。位于道路两侧的生产用地有便捷的交通联系,但也很容易被公路两旁的建设用地侵蚀,成为备用建设用地。而沿河流伸展的生产用地,由于反复耕作,破坏了原本河流两旁自然湿地的水土保持作用。同时,由于高档的建设用地更倾向于选择地理位置更好、风景更佳的地区,因此河流两旁的生产用地也极容易成为建设用地侵蚀的对象。带状生产用地结构由于轮作率高、变动性大,因此农业产品的类型较为不稳定,多为不耐储藏的蔬菜或稻谷类产品。

4）破碎混合型。破碎的、多种农业产品混合种植的生产用地多位于居民点附近,易受市场及其他因素影响,产品变动大,多为不耐储藏蔬菜。由于靠近居民点,因此易被转化为碳源用地或其他用地,性质不稳定。

第二节　边缘区生产用地农业产品空间转移碳排影响探讨

一、城市边缘区农业产品空间转移路径模式

边缘区生产用地农业产品在由生产地运送到城市中心的过程中会产生大量的碳排,合理的生产用地布局能够减少农业产品空间转移过程中产生的碳排放。农业产品

从边缘区到城市内的空间转移涉及不同的主体[11]：首先是位于流通环节首位的边缘区生产者，合作社或零散的农户等；其次是处于中间流通环节的中转者，配送中心、批发商、仓储商、加工商、运输商等；位于销售环节的农贸市场、超市等；以及处于流通环节末端的消费者。流通环节不同主体之间的连接，会形成不同的供应链网络，产生不同的农业产品空间转移路径。例如，农户在收获农产品后，直接被批发商收购，转移到农贸市场或直接供应超市等；或者零散农户的农产品被合作社统一集中，供应给批发商，或直接向加工企业出售。往往大型的城市由于生产用地分布广、农业集中化程度高，流通环节经过的主体更为复杂，农业产品流经的地点也更多；中小城市则相对简单，大多为农户向加工企业或批发商提供农产品，再转运到农贸市场或超市中；小城市则更倾向于零散农户从自身生产用地到当地集贸市场或城市内的小型菜市售卖农产品。不同规模的城市会倾向于选择不同的农业产品空间转移路径，而不同的农业产品空间转移路径则会产生不同的碳排量。

研究将流通环节的各类主体加以整合，简化形成一个综合性的边缘区农业产品空间转移路径模式（见图 7-1）。点 1 为产地；点 2 为位于边缘区与核心区交界的大型农贸市场 A；点 3 为位于城市中的中型农贸市场 B（亦可能为转运配送中心或仓储中心）；点 4、5 为分散在城市各处的超市或菜市等。d_1 为农业产品从边缘区生产用地转移到核心区边界的路径；d_2 为大型农贸市场 A 转向中型农贸市场 B 的路径；d_3 和 d_5 为中型农贸市场 B 转向超市和菜市的路径；d_4 为农业产品从大型农贸市场 A 直接转移进入超市和菜市的路径。城市中的大多数家庭消费者都是在城市内部的中型农贸市场或超市、菜市购买农业产品，因此农业产品空间转移路

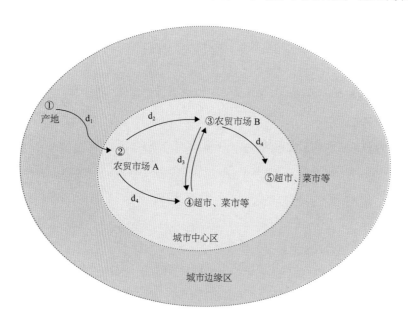

图 7-1　城市边缘区农业产品空间转移路径模式示意图

径主要有几种形式: ① $d_1 \rightarrow d_2 \rightarrow d_4$, 即农业产品从边缘区生产用地产出进入大型农贸市场后直接进入城市中心的超市及菜市, 一般中小城市较常采用这样的形式。② $d_1 \rightarrow d_2 \rightarrow d_3/d_5$, 即农业产品从生产用地进入大型农贸市场后, 经过中型农贸市场或配送仓储中心中转, 再分发进入菜市或超市售卖; 这样的形式更适合范围广, 需要多次分散进行运送到大型城市。中小型规模城市还有生产者直接从生产用地收获农产品到城市中心小型菜市售卖的情况, 在本书中因为此种方法碳排量较小, 故不予讨论。

二、城市边缘区不同农业产品空间转移碳排放量测算

不同农业产品由于在空间转移过程中运输形式不同, 因此产生了交通碳排放上的差异。散装运输、集装运输、活体保鲜运输、冷藏冷冻运输、恒温运输等等, 产生的碳排放必然不同。例如, 粮食类作物多采用散装运输与集装运输两种方式, 一些水果作物需要冷藏运输; 部分耐储藏蔬菜可集装运输, 而不耐储藏蔬菜一般采用散装运输, 远距离大批量则采用冷藏运输。经对农贸批发市场的实地调查发现, 重型卡车和轻型卡车是两种最主要的交通运输工具。对粮食、蔬菜、水果三类种植类农业产品而言, 大量批发型的不耐储藏蔬菜如及水果需要冷藏车作为运输工具, 而耐储藏蔬菜如胡萝卜、土豆等, 以及以大米为主的稻谷类产品则不需要冷藏。粮食作物及耐储藏蔬菜一般采用重型卡车运输, 水果较多采用带冷藏车厢的轻型卡车; 不耐储藏蔬菜则采用带冷藏车厢的重型卡车。而不同车型在相同里程的运输路径下的碳排量将会有明显差别, 因此在本节研究中, 将不同类型的农业产品空间转移的碳排放量, 相应转化为不同运输车型的交通碳排放量, 以方便获取基础统计数据。

不同种类农业产品空间转移碳排放的计算公式为:

$$C = E \times C_e \tag{7-1}$$

$$E = L \times F \times D \times C_v \tag{7-2}$$

式中　　C——单位农产品年平均碳排放量, kg/kg;

　　　　E——年燃料消耗, TJ;

　　　　C_e——碳排放系数, kg/TJ;

　　　　L——年平均行驶里程, km;

　　　　F——平均百公里燃油量, L;

　　　　D——燃油密度, kg/L;

　　　　C_v——燃料净热值, TJ/kg。

计算得到不同农业产品空间转移碳排放量如表 7-1 所示:

不同农业产品空间转移碳排放量信息表　　　　　　　　　　　　　　　　　　　表 7-1

农产品类型	粮食	不耐储藏蔬菜	耐储藏蔬菜	水果
运输常用车型	重卡	重卡（带冷藏车厢）	重卡	轻卡（带冷藏车厢）
机动车平均日行驶里程（km）	62.74	62.74	62.74	62.74
机动车年行驶里程 L（km）	22900.1	22900.1	22900.1	22900.1
平均百公里燃油量 F（L）	35	40	35	15
年燃料消耗 E（TJ）	0.29	0.12	0.29	0.33
交通年碳排放量（10^2 kg C）	58.61	66.69	58.61	24.92

因货运用车多用柴油，依照 IPCC 指南（2006），碳排放系数 C_e 数值为 20209kg/TJ（1TJ=1012J），相对应的燃料净热值为 43MJ/kg（1TJ=10^6MJ），燃油密度为 0.835kg/L。机动车年平均行驶里程参考顾富敏[12]对南宁市机动车出行特征的研究，得出大小货车平均日出行里程都为 62.74km，计算得到单辆车年平均行驶里程为 22900.1km。

通过计算发现，各类农产品空间转移碳排放量从大到小依次为：不耐储藏蔬菜、耐储藏蔬菜、稻谷及水果。在生产用地的空间排布上，空间转移碳排放量高的农业产品更靠近中心城市，能够更有效地降低运输产生的碳排放量。因此，安排不耐储藏蔬菜最近中心城，耐储藏蔬菜、粮食及水果依次向外排布，形成降低农业产品空间转移碳排放量的生产用地空间分布模式。需要注意的是，大城市由于机动车年行驶里程更高，年燃料消耗及交通年碳排放量也更高；相对的，小城市由于机动车年行驶里程较小，交通年碳排放量也相对较低。

第三节　城市 - 边缘区农业产品供需关系及空间分布研究

基于城市边缘区生产用地低碳安全格局供需平衡视角，城市需预留出一定面积的保持城市生存必需的生产用地。确定城市对农业产品的消费需求，从而应对性的进行不同情况的生产用地安排。例如，上海市由于人口多，耕地少，边缘区生产用地远远不能满足本城市人口的需求，因此生产用地应优先选择种植城市必需的、不耐长途运输与储藏的蔬菜；同时，平原地区更适合种植水稻、蔬菜等作物而较为缺少果林。而中小城市由于边缘区人为开发利用程度低，生态状况良好，平地较少不易畦田等原因，园地占了较大的比例，同时，蔬菜、水稻混杂种植，生产用地的选择性也更广一些。研究以 2004 ~ 2012 年上海、南宁、来宾三市统计年鉴及农业统计数据中粮食类、蔬菜类、水果类产出及消耗数据为基础，总结不同规模城市对农业产品的供需差异。

各城市 2004 ~ 2012 年粮食、水果、蔬菜供求关系见表 7-2 ~ 表 7-4。

南宁市主要农产品供求关系 表 7-2

种类 年份	粮食类（单位：万 t）			水果（单位：万 t）			蔬菜（单位：万 t）		
	产出	消耗	供－求	产出	消耗	供－求	产出	消耗	供－求
2012	42.7185	19.3709	23.3476	71.7962	16.3255	55.4707	143.6038	34.0739	109.5299
2011	41.8643	19.8144	22.0499	69.4567	15.3805	54.0762	137.8730	31.7348	106.1382
2010	42.9128	18.3921	24.5207	63.4078	13.6030	49.8048	133.1381	30.4588	102.6793
2009	43.4807	11.3241	32.1566	59.3114	15.0373	44.2741	130.1612	29.4779	100.6833
2008	42.5208	13.1761	29.3447	47.6692	13.5481	34.1211	123.2457	29.2572	93.9885
2007	39.5399	19.9296	19.6103	50.7897	13.8172	36.9725	114.8504	31.0730	83.7774
2006	37.5588	18.9692	18.5896	46.4249	13.7318	32.6931	110.4783	29.4060	81.0723
2005	37.2649	17.7865	19.4784	49.5435	13.2151	36.3284	105.3091	29.7982	75.5109
2004	65.0256	17.5661	47.4595	35.2287	13.4069	21.8218	103.0539	28.1203	74.9336

上海市主要农产品供求关系 表 7-3

种类 年份	粮食类（单位：万 t）			水果（单位：万吨）			蔬菜（单位：万 t）		
	产出	消耗	供－求	产出	消耗	供－求	产出	消耗	供－求
2012	122.39	89.9803	32.4097	85.29	152.3475	−67.0575	395.65	254.7060	−941.8171
2011	121.95	92.0204	29.9295	86.23	143.6646	−57.4345	408.24	245.3096	−958.3270
2010	118.40	91.8761	26.5238	99.60	150.8242	−51.2242	380.35	236.4832	−875.8167
2009	121.68	91.9476	29.7323	102.73	148.5308	−45.8008	394.08	225.6696	−871.0271
2008	115.67	90.9776	24.6923	109.17	143.6376	−34.4676	409.99	221.3432	−877.6450
2007	109.20	83.1623	26.0377	110.23	147.5460	−37.3159	413.49	205.5326	−853.2696
2006	111.30	85.2424	26.0576	105.92	132.7738	−26.8538	418.76	194.0541	−822.4907
2005	105.36	100.9399	4.4201	98.38	114.3607	−15.9807	409.03	197.9102	−773.1730
2004	106.29	109.3648	−3.0748	107.83	121.2922	−13.4621	436.65	186.0671	−801.2441

来宾市主要农产品供求关系 表 7-4

种类 年份	粮食类（单位：万 t）			水果（单位：万 t）			蔬菜（单位：万 t）		
	产出	消耗	供－求	产出	消耗	供－求	产出	消耗	供－求
2012	20.8000	4.9448	15.8551	12.4700	4.1674	8.3026	39.4400	8.2341	31.2059
2011	20.1913	5.4402	14.7511	11.5001	4.2228	7.2773	38.0357	8.5715	29.4642
2010	25.0255	5.0500	19.9755	10.3835	3.7350	6.6485	36.6314	8.2881	28.3433
2009	21.4975	2.6943	18.8031	9.2023	3.5778	5.6245	35.2271	7.2573	27.9698
2008	20.5264	3.2260	17.3004	8.8527	3.3171	5.5356	32.0469	7.0761	24.9708
2007	23.2139	7.1562	16.0577	8.5031	4.9614	3.5417	38.4826	10.9833	27.4993
2006	22.9835	4.7464	18.2371	7.8639	3.4359	4.4280	38.4326	7.2187	31.2139
2005	22.6238	4.4886	18.1352	7.3161	3.3349	3.9812	35.2162	7.3667	27.8495
2004	22.0063	4.6304	17.3759	6.2106	3.5340	2.6766	29.6432	7.2423	22.4009

（1）上海：市场主导型

从上海的数据可以看出，粮食类产品的比例及剩余量在不断升高；蔬菜的产量历年却没有大的变化，但消耗赤字在逐年加大。同时，蔬菜的产量要远远多于粮食类，说明耕地的结构是以种植蔬菜为主。水果的产出量在 2006 ～ 2009 年有一定程度的上升，但之后又迅速下降，这与上海在 2006 年后边缘区园地的变化趋势一致。上海市是典型的依赖外部城镇供给的市场主导型城市，内部消费需求庞大，自身产量又远远无法满足，边缘区生产用地应优先选择城市必需的、同时运输碳排量较高农业产品。

（2）南宁：农业主导型

南宁是典型的农业主导型，生产的各类农业产品远远超过市内需求。边缘区各类农业产品产量每年都在攀升，需求量虽也在增大，但增长速率不如产量，因此富余量也在每年升高。其中，蔬菜的产量最大，其次是水果，最末为粮食类产品，说明边缘区生产用地以蔬菜种植为主。同时，大批量的富余蔬菜需要被冷冻储藏、运送到其他城市，产生了多余碳排量。富余的耕地可调整为碳汇能力强的园地或林地，增加碳汇，减少碳排。

（3）来宾：供求平衡型

来宾市三类农业产品历年产量变化不大，水果和蔬菜产出及富余量略有上涨，稻谷类产品产量及余量却在下降，各类产品都略有富余。其中，蔬菜的产量最大，其次为粮食类产品，说明生产用地中以蔬菜的耕作为主。来宾市农业产品供需关系是自给自足的供求平衡型，城市边缘区生产用地结构应以归并破碎零散土地为主。

第四节　南宁市边缘区各类生产用地空间分布现状及问题分析

一、南宁市边缘区生产用地空间分布现状分析

南宁市边缘区生产用地空间分布演变从 1990 ～ 2014 年经历了四个阶段（图 7-2），由混合、破碎结构逐渐演变为南部多耕地，北部多园地的分层结构。但也可以发现，南宁市边缘区生产用地不断被分裂，由 2000 年紧密的块状逐渐趋向于破碎化，其中东南部的耕地表现最为明显。说明在城市发展的过程中，生产用地不断被演替为其他非农用地。耕地的破碎既不利于碳汇，也不利于生产管理。南宁市边缘区生产用地空间格局调整，应依托国家土地整理措施，规整东南部的耕地，形成东南耕地、西北园地的生产用地布局。

根据《南宁市统计年鉴》及《南宁市农业和农村经济发展"十二五"规划》绘制南宁市域主要农业生产作物分布图（图 7-3），不同种类的农业产品的分布有较大的不

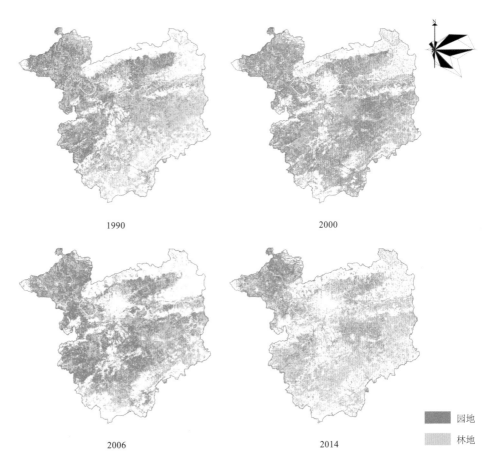

1990

2000

2006

2014

图 7-2 1990 ~ 2014 年南宁市生产用地空间分布演变

园地

林地

同。了解到南宁市粮食类产品如水稻、玉米、大豆、薯类等主要分布在边缘区外部区域，边缘区内较少分布；有木薯分布在江南区中部与良庆区北部。不耐储藏的常年保障性蔬菜与秋冬菜在边缘区内分布广泛，说明边缘区内耕地以种植蔬菜作物为主。南宁市主要的水果品种如甘蔗、龙眼、菠萝、香蕉、火龙果、柑橘等较多分布在边缘区内，如西乡塘区主产菠萝与香蕉，良庆区与邕宁区主产龙眼、火龙果、菠萝、柑橘等，江南区有少量香蕉种植。甘蔗在南宁市南部边缘区如江南区、良庆区、邕宁区都有较多分布。随着生产用地结构的演变，南宁市边缘区南部的水果逐渐减少，大多只剩下甘蔗。

结合南宁市生产用地空间分布演变图可了解，南宁市边缘区的耕地以种植蔬菜作物为主，但是对耐储藏蔬菜或不耐储藏蔬菜的区分不明显；由于边缘区地形北部多山，南部地势则相对平坦，适宜开发作耕地，因此蔬菜作物的种植区域主要分布在青秀区、邕宁区、良庆区、江南区四个城市中心区以南的地带。边缘区内主要的粮食作物为木薯，主要分布在江南区即边缘区西部偏南地带；另有少量水稻等粮食作物散布在南边的地区。园地的作物品种则分布得比较广泛，在 2000 ~ 2006 年间边缘区的各个区域都要种植；至 2014 年后则主要集中在边缘区的北部以及城市中心区的东南部地带。

图 7-3　南宁市域主要
农业生产作物分布

二、南宁市边缘区生产用地空间存在问题分析

　　南宁市边缘区生产用地空间受农业自发性生产影响在历年内结构变动较大。至
2014 年，近郊生产用地由于边缘区内边界线扩张的影响，耕地已几近消失；东南部
的生产用地由 2000 年、2006 年相对规整、分区明显的块状结构变为了形态破碎、分
散且不规则的零散结构，结构的破碎化也导致南宁市边缘区生产用地整体的"增汇减
排"功能降低，影响边缘区生态安全效应。此外，根据城市与边缘区之间对农产品的
供需关系可知，南宁市农业产品的供给大于需求，边缘区种植的蔬菜、粮食及水果作
物都能够极大满足城市的消费需求，生产的农业产品有较大富余；在这种情况下，边

缘区碳排碳汇用地系统对生产用地的调整在保持耕地基本满足城市内部需求生产量的同时，可适当调整耕地的数量和面积，增加园地的比重，以此增加边缘区生产用地的整体碳汇能力。破碎的耕地应当利用土地整理措施规整化，在提高生产能力的同时，也有利于生产用地整体能量的流动与吸收。

第五节　南宁市边缘区生产用地空间低碳优化布局研究

一、南宁市边缘区生产用地布局优化影响因素分析

（1）地形、风向与水流因素

南宁市位于广西南部偏西地带，北回归线以南，东经107°17′～109°36′之间，北纬22°13′～23°32′之间，属低纬度地区。研究区范围即市辖区地形以盆地、平原、丘陵、低山、台地为主，地势相对平缓，盆地面向东部开口，南、北、西三面被低山丘陵围绕，北靠高峰岭，西有西大明山东坡的凤凰山地，南有七坡丘陵，东部有青秀山和五象岭。在研究区范围内，平地是主要地形，分布在邕江两岸以及左、右江下游的汇合处。低山则是在西部的凤凰山，台地呈缓坡起伏、顶面平齐的地貌。盆地中央成为各河流汇集地点，右江从西北来，左江从西南来，良凤江、龙潭河从南来，心圩江、竹排冲从北来，组成向心水系，使自左右江下游至青秀山间形成一个略呈长形的河谷盆地地貌。

选用星载热发射和反射辐射仪全球数字高程模型（Advanced Space borne Thermal Emission and Reflection Radiometer Global Digital Elevation Model，ASTER GDEM）中，南宁市范围内 DEM 数据导入 ArcGIS，得到南宁市海拔高程图（图7-4），发现南宁市中部及西北部地势相对平坦，平均高程在300m 以下；北部地势偏高，在540m 以上。

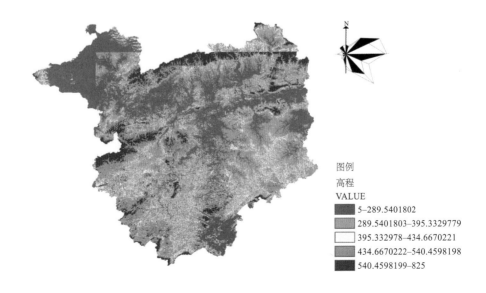

图例
高程
VALUE
■ 5–289.5401802
▨ 289.5401803–395.3329779
□ 395.332978–434.6670221
▨ 434.6670222–540.4598198
■ 540.4598199–825

图 7-4　南宁市海拔高程图

专栏 7-1　星载热发射和反射辐射仪全球数字高程模型（Advanced Space borne Thermal Emission and Reflection Radiometer Global Digital Elevation Model，ASTER GDEM ）：

先进星载热发射和反射辐射仪全球数字高程模型，与 SRTM 一样为数字高程 DEM，其全球空间分辨率为 30m。该数据是根据 NASA 的新一代对地观测卫星 Terra 的详尽观测结果制作完成的。其数据覆盖范围为北纬 83°到南纬 83°之间的所有陆地区域，覆盖了地球陆地表面的 99%。号称是"迄今最完整的全球地形数据"。

空间分辨率：1 弧度秒（约 30m）

精度：垂直精度 20m，水平精度 30m

与 SRTM 的区别：

SRTM 数据的纬度覆盖范围是 [−60,60]，ASTER GDEM 数据的纬度覆盖范围为 [−83,83]；

SRTM 的空间分辨率一般为 90m，只有美国境内存在空间分辨率为 30m 的数据；ASTER GDEM 的空间分辨率为 30m。

南宁位于北回归线南侧，属湿润的亚热带季风气候，风向随季节变化，但受地形影响，盛行东南风和东北风。春夏秋三个季节，东南风是主要的风向；冬季主要风向是东北风。边缘区内部主要流域邕江穿城而过，自西向东流过境内。

（2）土壤碳密度分布

植物的光合作用将空气里的二氧化碳一部分固定在地表植被里，一部分固存在土壤里。对生产用地来说，碳储量多固定在土壤里，同时，土壤肥力高更有利于固碳效果。南宁地区主要土壤类型为赤红壤与紫色土，其中赤红壤复合水稻土以及紫色土复合水稻土居多，赤红壤占 55.9%，是南宁地带的代表性土类[13, 14]。其中，红壤、赤红壤及赤红壤复合水稻土多分布在南宁市辖区西北部，而紫色土复合水稻土多分布在南宁市辖区东南部（图 7-5）。赤红壤土体呈红色或棕红色，pH 值在 4.5 ～ 5.5 之间，呈弱酸性反应，多分布在南宁市辖区中部偏北处。土壤有机质含量在 2% ～ 3% 之间，适宜造林，缓坡适合种植龙眼、荔枝、芒果、菠萝等水果作物，平地可种植农作物。紫色土为在紫红色岩层上发育的土壤，有机质含量在 1.0% 左右，pH 值在 7.5 ～ 8.5 之间，呈中性或微碱性反应。紫色土矿质养分丰富，农业利用价值高，多分布在南宁市辖区中部偏南处。

根据杨静[15]对南宁市区土壤碳库核算发现，南宁市区陆地生态系统土壤碳储量为59.79Tg，土壤平均碳密度达到9.27kg/m²。其中，棕色石灰土碳密度最大，达到13.05kg/m²，但分布量十分稀少。水稻土碳密度为11.14kg/m²，赤红壤9.15kg/m²，紫色土仅有5.54kg/m²。整体的土壤碳密度呈现西北高、东南低的走势；而穿过城市中心，西南—东北走向的城市发展带碳密度最大（图7-6）。结合南宁市市辖区碳源碳汇用地分布图得到边缘区耕地碳密度为9.25kg/m²，碳储量达到23.53Tg。因此，南宁市边缘区生产用地空间结构调整，应集中在西北部布置园地，在东南部布置耕地，在提高生产用地经济效应的同时，更兼顾到碳汇集。

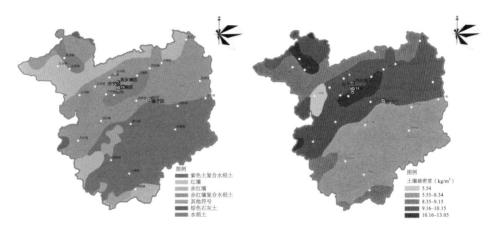

图7-5　南宁市区土壤分布（左）

图7-6　土壤碳密度（右）

（3）空间转移碳排放分布

根据南宁市各类农业生产作物分布情况，结合南宁市边缘区生产用地空间分布图可以了解到，南宁市不耐储藏蔬菜主要分布于东南边的青秀区与良庆区，耐储藏蔬菜主要分布于南部；粮食类产品主要为木薯，分布于西南部；东北部为水果与不耐储藏蔬菜的混合区，西北部主要种植水果作物。各类农业产品的空间转移碳排放由大到小分别为不耐储藏蔬菜>耐储藏蔬菜>粮食>水果，因此按照空间转移碳排放的等级将南宁市边缘区划分为四个部分，分别为东南部的高空间转移碳排放区，西南部的较高空间转移碳排放区，东北部的较低空间转移碳排放区，以及西北部的低空间转移碳排放区（图7-7）。

因此，在调整南宁市边缘区生产用地时，主要针对东南部的高空间转移碳排放区，将不耐储藏蔬菜的种植区向中心城靠近；对东北部的较低空间转移碳排放区以及西北部的低空间转移碳排放区可不做大的调整，基本保持原貌；西南部的较高空间转移碳排放区以保持粮食作物为主，减少蔬菜产品的比重。

二、南宁市边缘区生产用地空间低碳优化布局

在获得南宁市边缘区生产用地空间格局的演变情况，以及综合考虑生产用地空间

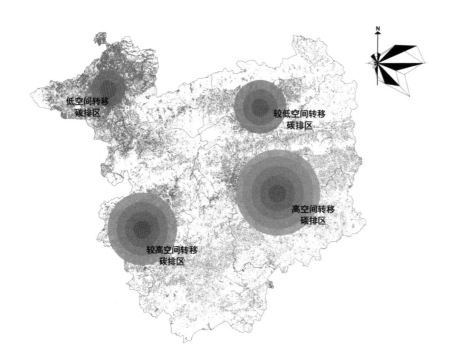

图 7-7　南宁市边缘区
空间转移碳排放等级
分布

转移碳排放分布、土壤碳密度分布情况，以及边缘区整体碳源碳汇用地空间分布格局，除中心碳排放区外，将边缘区其他部分划分为五个区域：林地区、不耐储藏蔬菜发展区、耐储藏蔬菜发展区、粮食作物发展区以及水果发展区（图 7-8）。

（1）中心碳排区。中心碳排区是南宁市中心城所在地，也是城市内边缘区不断扩展的地带。

（2）林地区。林地区主要位于边缘区的东北部及南部，海拔高，是自然山体形成的大片林地，为边缘区主要的碳汇来源地，不可挪作他用，需要重点保护。

（3）不耐储藏蔬菜发展区。不耐储藏蔬菜发展区主要集中在中心城周边，围绕中心城以环状布置；该地区现状碳源碳汇用地交杂，应以规整用地为主，将破碎混合的用地合并为完整的耕地，方便城市居民直接获得新鲜蔬菜的同时，起到阻隔碳源用地不断扩张的作用。

（4）耐储藏蔬菜发展区。耐储藏蔬菜发展区位于边缘区东南部，地势较平坦，且位于南宁市常年主导风东南风上风向，在此布置较低矮的蔬菜作物有利于风流引导二氧化碳在边缘区西北面汇集。该区域主要种植秋冬季节性蔬菜作物；该区域现状耕地与园地混杂，形态碎化、分离，应以整合现有耕地为主，形成连片完整的蔬菜种植基地，便于耕作管理。

（5）粮食作物发展区。边缘区西南部为粮食作物发展区，该区域以发展南宁市优势的木薯产品为主；该地区应以保留现状结构为主，部分调整农业作物品种。

（6）水果发展区。该区域位于城市主导风下风向，并与林地区连为一片，发展时以考虑促进边缘区碳汇效应为主，结合实际情况，集中以块状分区型主导发展南宁优势水果作物，调整区域内零碎的耕地为园地。根据以上分析，总结得出以低碳为主的生产用地空间格局优化模拟图（图7-9）。

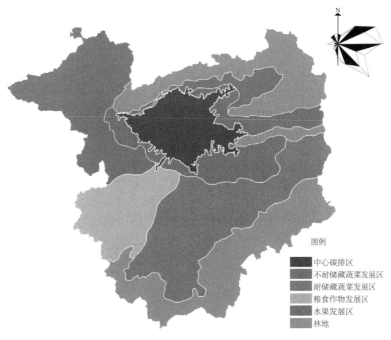

图例

■ 中心碳排区
■ 不耐储藏蔬菜发展区
■ 耐储藏蔬菜发展区
■ 粮食作物发展区
■ 水果发展区
■ 林地

图 7-8　南宁市边缘区
生产用地分布区划图

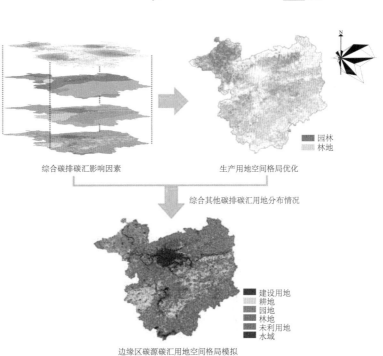

综合碳排碳汇影响因素　　　　　生产用地空间格局优化

■ 园林
□ 林地

综合其他碳排碳汇用地分布情况

■ 建设用地
▨ 耕地
□ 园地
▦ 林地
▩ 未利用地
■ 水域

图 7-9　以低碳为导向
的生产用地空间格局
优化模拟

边缘区碳源碳汇用地空间格局模拟

第六节　城市边缘区生产用地空间优化策略

一、划定城市增长边界，控制建设用地形态与发展方向

生产用地的减少主要原因来自于建设用地的吞噬，合理控制建设用地的扩张是保护生用地的根本途径。结合城市总体规划及控制性详细规划划定城市增长边界，通过法定规划控制城市建设用地扩张的方向与扩张模式，避免建设用地的无序蔓延过度侵蚀生产用地。通过进行城乡用地分区的方法确定城乡用地空间的建设区与非建设区，确定城市周边成规模的基本农田、优质耕地以及自然生态保护区等禁、限建范围，从而进一步确定建设用地范围，起到规范建设用地扩张模式，保护生产用地的作用。城市增长边界即是建设用地与非建设用地的界线，是城市扩张的边界。增长边界的执行效力需要依靠城市总体规划与控制性详细规划的支撑，这意味着城市在规划的初期，应当针对生产用地的区域进行调查、评价及划分，对关键性的生产用地区域进行严格保护，对一般的生产用地区域进行适度控制。其次，规划以预计人口增长量以及重大基础设施建设计划为出发点，确定城市扩张的需求量，根据城市周边的自然地形条件、气候等因素在城市适宜建设区内划定新建用地范围与方位，以此确定城市增长边界。城市增长边界具有时效性，并非一成不变，需要根据城市发展的弹性需求进行阶段性的调整，但不能突破禁止建设区的范围，限制建设区范围内的用地也要慎重考量。同时，将城市增长边界与近郊生产用地结合起来，形成城郊绿色隔离带，用生产用地限制城市的扩张 [16]。

对生产用地的评价应结合供给制约与引导需求，提出对基本农田的保护及耕地的保有量的明确要求，并进行细致的划分。将生产用地完全的保护起来是不可能的，还要考虑城市的适度发展与扩张，同时在占用生产用地时应考虑在其他区域复垦开发相应数量和一定质量的生产用地，实现占补平衡。在进行生产用地保有量预测之前，要对生产用地的现状及改变的基础情况进行分析 [17]。首先对生产用地做出适宜性评价，分为基本农田区、优质区、一般区三个部分进行分级保护引导 [18]；了解生产用地空间分布的现状及减少的去向，并对生产用地分析其质量及生产能力。基本农田区的用途不能被改变，优质区生产用地在评价后可适当进行开发，一般区生产用地可以作为城市拓展的备用地。其次是预测生产用地的减少量及减少途径分析，如建设用地侵占、退耕还林、生产结构调整、灾害损毁等等。第三则是分析生产用地的补充潜力及来源，如开发未利用地、复垦工矿废弃地、整理农村居民点等等。

二、"多规合一"统筹城乡建设，建立边缘区生产用地分区保护措施

以国民经济与社会发展规划、城市总体规划、土地利用总体规划、主体功能区

规划为主导的"多规合一"规划体系对协调"城市—区域"之间的关系，统筹协调城乡各类用地的布局利用，划定城市开发边界以及基本农田、生态保护区有着重要作用[19]。城市总体规划分为中心城区用地规划与宏观的全域城镇体系规划；中心城区用地规划具有强制性的法定效力，能够较好的达成规划目标，但关注于区域协调的全域城镇体系规划却很难实地落实。同时，以保护耕地为主要目标的土地利用总体规划主要是通过管制分区对空间资源进行管理，落实在用地上的法定效力却不强。在实际操作中，常常被迫服从城市总体规划的城镇布局，导致大量耕地转化为建设用地。为了能够兼顾建设用地的发展以及生产用地的保护，必须要将多项发展规划协调统一，土地利用规划确定生产用地布局与生态保护区在前，规定一定时期内建设用地发展的规模指标，城市总体规划以此决定城市的发展布局及形态，并决定城市的规模[20]。在区域空间协调上，通过镇村布局层面实现与土地利用规划的衔接，使得建设用地、生产用地与生态用地的布局在空间上对应；其次城市总体规划应严格保护土地利用总体规划所确定的生产用地及基本农田范围，执行后者所定的建设用地规模总量；并且城市总体规划应做好土地利用总体规划所定的耕地保有量、基本农田指标、建设用地增量等指标的承接。此外，涉及区域城乡协调、生态环境保护、土地布局优化、农业资源保护的环保、林业、水利等规划措施也应与城市总体规划及土地利用总体规划相统一。

此外，综合城乡生态安全、自然环境及经济建设的要求，可以对城乡不同用地进行分区，以便细分管理。依据生态敏感性评价以及建设用地适宜性评价，将城乡用地分为禁建区、限建区及适建区[21]。禁建区包括基本农田及其他农田、自然生态保护核心区、水源地一级保护区、风景名胜核心区、地质灾害易发区、行洪河道、城市绿地、文物保护单位等。禁建区可进一步划分为包括山体、水域等的绝对禁建区；以及以生产用地、生态廊道为主的一般禁建区。生产用地一般禁建区内可划定阶段性禁建区，在满足城市生态安全保障及农业产品供需平衡关系的基础上，远期可随城市发展建设及农业结构调整向建设用地转化。限建区是生态保护的重点地区，包括一般生态保护区、风景名胜自然保护区的非核心区、水源地二级保护区、地质灾害低易发区、行洪河道一定范围、文物底下埋藏区等。限建区也可进一步划分为农业现代配套设施限建区与近郊郊野公园限建区。适建区则是包括了已建区的城镇与乡村的适宜建设地带。

三、将边缘区生产用地管理纳入法定条文，严格保护基本农田，控制生产用地开发

无论是城市增长边界的划定、城市近郊绿色隔离带的建立，还是生产用地开发适宜性分区，都需要依靠强有力的法定条文作为保障。将生产用地的保护措施强制性纳入到法律条文当中，才能够真正对边缘区生产用地起到严格的监管作用。在单纯的市场经济作用下，生产用地的价值无法直接体现在货币价格上，最终导致生产用地流向经济效益与价格更高的建设用地上，不可逆转的生产用地损失直接威胁到了粮食安全与生态平衡，因此必须依靠具有法定强制效力的政府规章或地方法规中才能确定保障生产用地不被任意侵占。部分城市开始了一些探索[22]，例如《成都市环城生态区保护条例》中明确规定环城生态区由"农用地及生态建设用地构成"，要求区内的农用地必须坚持农地农用，不得非法改变农用地用途，并且通过各区县法定图则的形式确定了农用地的法律地位。《深圳市基本生态控制线管理规定（2005）》将集中成片的基本农田纳入基本生态控制线，并通过法定图则定位、定量控制。

专栏 7-2　政府规章或地方法规

《成都市环城生态区保护条例》

第三条　本条例所称环城生态区，是指由成都市城市总体规划确定的，沿中心城区绕城高速公路两侧各 500m 范围及周边七大楔形地块内的生态用地和建设用地所构成的控制区，其具体范围由环城生态区总体规划确定。

第十四条　环城生态区生态用地由农用地和园林绿地构成。

第十五条　禁止将环城生态区生态用地用于农业生产、绿化和水体、应急避难、公共文化体育或者市政基础设施建设之外的其他用途。

第二十六条　环城生态区生态建设应当符合下列要求：

（一）农业种植物、苗木、生态植物植被、树木和水体的占地面积占生态用地总面积的比例不得低于 80%；

（二）生态用地内的建筑物、构筑物、道路和铺装场地的总硬化率不得超过 6%。

《深圳市基本生态控制线管理规定（2005）》

第六条　基本生态控制线的划定应包括下列范围：

（一）一级水源保护区、风景名胜区、自然保护区、集中成片的基本农田保护区、森林及郊野公园；

（二）坡度大于 25% 的山地、林地以及特区内海拔超过 50m、特区外海拔超过 80m 的高地；

（三）主干河流、水库及湿地；

（四）维护生态系统完整性的生态廊道和绿地；

（五）岛屿和具有生态保护价值的海滨陆域；

（六）其他需要进行基本生态控制的区域。

《全国土地开发整理规划（2001-2010）》

二、土地开发整理目标与基本方针

（一）目标

依据《纲要》的总体要求，适应国民经济快速发展和生态环境建设的需要，按照占补平衡的基本原则，在充分考虑补充耕地的资源潜力、投入和区域协调的前提下，通过大力推进土地开发整理，补充耕地数量和质量不低于同期建设占用、灾害损毁和农业结构调整损失的耕地，林地、牧草地等其他农用地得到有效增加，土地利用效率明显提高，土地生态环境得到改善，土地资源尤其是耕地资源可持续利用能力进一步增强。

（三）区域土地开发整理方向

——西南区：包括四川省、贵州省、云南省、重庆市、广西壮族自治区。区内山地多，人均耕地少，宜农土地后备资源不足，水土流失比较严重。本区重点是结合退耕还林、治理水土流失，加大基本农田建设力度，对平坝区实施"田、水、路、林、村"综合整理，对具备修建水平梯田条件的缓坡耕地进行"坡改梯"改造。改善生态环境，提高土地质量，增加有效耕地面积。结合国家重点水利建设项目的实施，做好移民安置中的土地开发整理工作。

此外，政府还可通过一系列激励措施鼓励人们重视生产用地。城市地租的价格差异使得近郊土地作为建设用地比作为生产用地能够获得更大的经济价值，因此政府的激励措施需要努力平衡地价，消除地价差异。一是利用税收政策调控地价，缩小生产用地与建设用地之间的价格差异。首先对土地的市场价格进行估价，作为依法征收补偿的标准；之后按照土地的增值利益对生产用地开发变为建设用地的行为征收相应的土地增值税，税收用于生产用地区域的公共设施投资与建设，也可用作对农业生产行为的奖励、贷款与技术支持等。其次是提高农业生产的效益，加强技术的改进，发展当地特色农业产品与高经济价值作物产品，鼓励农产品本地消费，提高农产品作物收益，以此鼓励农民加强农业生产，减少将生产用地非农化的面积。此外，结合国家土地整理政策，对近郊被占用的土地在边远地区进行平衡，同时稳定高质量生产用地面积，不断提高生产用地的整体质量。2003年国土资源部出台了《全国土地开发整理规划（2001－2010）》，强调通过土地开发整理，实现与生态建设相结合，改善生态环境的目标。通过对田地、林地、水塘、村路、村镇等进行综合整治，归并零散地块，规整农村居民点用地，提高耕地的有效面积。土地整理的措施为实施将国民经济与社会发展规划、国土规划与土地利用总体规划、生态保护利用规划衔接起来的"多规合一"提供了可行性的保障。

参考文献

[1] 徐岩 . 江南地区城乡一体化的景观生态格局现状与优化研究——以无锡市锡山区为例 [D]. 南京农业大学，2004.

[2] 蔡建明，罗彬怡 . 从国际趋势看将都市农业纳入到城市规划中来 [J]. 城市规划，2004，28（09）：22-25.

[3] 叶齐茂 . 发达国家郊区建设案例与政策研究 [M]. 北京：中国建筑工业出版社，2010.

[4] 叶延琼，章家恩，陈丽丽，等 . 广东省 1996 ~ 2012 年农业用地碳汇效应及时空变化特征 [J]. 水土保持学报，2014，28（5）.：139-146.

[5] 黄耀，孙文娟 . 近 20 年来中国大陆农田表土有机碳含量的变化趋势 [J]. 科学通报，2006，51（7）.

[6] 赵荣钦，黄爱民，秦明周，等 . 中国农田生态系统碳增汇／减排技术研究进展 [J]. 河南大学学报（自然科学版），2014，34（1）：60-65.

[7] 刘芬芬 . 吉林省农田生态系统碳源／汇时空格局及其影响因素研究 [D]. 吉林农业大学，2013.

[8] 徐华勤，章家恩，冯丽芳，等 . 广东省不同土地利用方式对土壤微生物量碳氮的影响 [J]. 生态学报，2009，29（8）：4112-4118.

[9] 王适 . 崇明农业园区不同土地利用方式碳平衡研究 [D]. 南京林业大学，2013.

[10] 郭文华 . 城镇化过程中城乡景观格局变化研究 [D]. 中国农业大学，2004.

[11] 沈文天 . 农产品物流交易成本的构成及最短路径计算 [J]. 物流商论，2013（3）：107-110.

[12] 顾富敏 . 南宁市人为碳排放核算及影响因素分析 [D]. 广西大学，2014.

[13] 广西土壤肥料工作站 . 广西土壤 [M]. 广西：广西科学技术出版社，1991.

[14] 广西土壤肥料工作站 . 广西土种志 [M]. 南宁：广西科学技术出版社，1993.

[15] 杨静 . 基于土地覆盖的南宁市区碳排放核算及空间分配研究 [D]. 广西大学，2015.

[16] 周年兴，俞孔坚 . 农田与城市的自然融合 [J]. 规划师，2003，19（03）：83-85.

[17] 叶林 . 将近郊农用地纳入城市规划安排的思考 [J]. 西部人居环境学刊，2013（3）：56-61.

[18] 唐兰 . 城市总体规划与土地利用总体规划衔接方法研究 [D]. 天津大学，2012.

[19] 张捷，赵民 . 从"多规合一"视角谈我国城市总体规划改革 [J]. 上海城市规划，2015（6）：8-13.

[20] 武睿娟，吴珂 . 从镇村布局规划层面探讨"两规"衔接的相关问题——以无锡市惠山区镇村布局规划为例 [J]. 江苏城市规划，2010（2）：32-36.

[21] 张安录，毛泓 . 农地城市流转：途径、方式及特征 [J]. 地理学与国土研究，2000，16（02）：17-22.

[22] 李云辉，邹忠 . 城市发展与郊区农用土地的保护——浅议城市土地利用规划分区原理及方法 [J]. 中国土地资源态势与持续利用研究，2004.

　　城市边缘区中，生态用地、生产用地与建设用地构成了碳排碳汇用地结构中不可分割的三个部分，生产用地是生态用地与建设用地之间过渡的桥梁。边缘区的扩张实质上是建设用地的向外扩散，对生态用地和生产用地的直接侵蚀。对城市边缘区碳排碳汇用地的控制，首先要建立在对生态用地的严格保护和控制上，禁止对生态保护区的过量开发；其次，以生产用地作为城市建成区的增长边界，抑制建设用地的无序、无限扩张，以达到保护生态用地的目的；最后，实现建设用地内部结构的优化，达到降低碳排用地碳排放的作用。

后　记

本书的研究得到了国家自然科学基金项目（城市外围生态用地空间结构低碳化规划设计研究，批准号：51208119）的支持，本书是课题研究的核心成果和思想结晶，在此非常感谢课题组全体成员的无私奉献和大力支持。

本书的编纂在缺乏前人研究资料、缺乏借鉴的情况下，探索出一条本土化的城市边缘区低碳优化策略，拓宽了传统低碳城市规划的范畴与研究，也尝试为低碳城市的建立与规划摸索出一条新的路径。研究的过程艰辛不易，研究设想常常被自我否定与推翻，正是由于课题组全体成员的专注与坚持，才能破除重重难关，使研究工作顺利开展，最终收获了具有一定实践意义的丰硕成果，希望能为广大城乡规划工作者提供些许帮助。

团队的能量是巨大的，最后，要感谢研究团队的新鲜血液——研究生黄中胜、袁倩文、朱珊为本书编撰后期贡献的力量。作者将与研究团队一起，继续深化研究，为中国城乡的低碳发展尽一份绵薄之力。